Urban Siller

Optimierung globaler Distributionsnetzwerke

GABLER RESEARCH

Urban Siller

Optimierung globaler Distributionsnetzwerke

Grundlagen, Methodik, praktische Anwendung

GABLER

RESEARCH

Bibliografische Information der Deutschen Nationalbibliothek
Die Deutsche Nationalbibliothek verzeichnet diese Publikation in der Deutschen Nationalbibliografie; detaillierte bibliografische Daten sind im Internet über <http://dnb.d-nb.de> abrufbar.

Dissertation Technische Universität Dortmund, 2010 u. d. T.:
Siller, Urban: Holistische Distributionsplanungsmethode zur Optimierung globaler Distributionsnetzwerke

1. Auflage 2011

Lektorat: Stefanie Brich | Anita Wilke

Gabler Verlag ist eine Marke von Springer Fachmedien.
Springer Fachmedien ist Teil der Fachverlagsgruppe Springer Science+Business Media.
www.gabler.de

Umschlaggestaltung: KünkelLopka Medienentwicklung, Heidelberg
Gedruckt auf säurefreiem und chlorfrei gebleichtem Papier
Printed in Germany

ISBN 978-3-8349-2514-5

22.12.2010

Für Leonard und Julia

Sehr geehrter Hr. Heinen,

besten Dank für die gute Zusammenarbeit und die Unterstützung in den letzten zwei Jahren.

Ob Sie mit diesem Buch wirklich etwas anfangen können, weiß ich nicht. Alle meine Freunde habe ich deshalb vom „Lesezwang" befreit.

Evtl. sind aber ein paar Gedanken auch für CZV interessant, denn die Grundproblematik – das Auseinanderfallen von Quelle und Ziel – liegt aus meiner Sicht auch bei uns vor.

Frohe Weihnachten wünscht

Vorwort

„Zwei Dinge sind zu unserer Arbeit nötig: Unermüdliche Ausdauer und die Bereitschaft, etwas, in das man viel Zeit und Arbeit gesteckt hat, wieder wegzuwerfen.“
Albert Einstein

Das vorliegende Buch beschäftigt sich mit der Neugestaltung globaler Distributionsnetzwerke von den Beschaffungsquellen bis zu den Kunden.

Es wendet sich an Logistikmanager global tätiger Unternehmen, die vor der Herausforderung stehen, die globale Distributionslogistik bzgl. Service und Kosten zu optimieren, bzw. an geänderte Rahmenbedingungen anzupassen. Darüber hinaus kann das Buch von Studenten der Allgemeinen Betriebswirtschaftslehre verwendet werden, die sich während ihres Logistikstudiums einen gesamtheitlichen Überblick über die Planung von Distributionsnetzwerken verschaffen möchten.

Das Buch beschreibt ein praxiserprobtes Planungsmodell, mit dem in vier Schritten ein globales Distributionsnetzwerk optimiert werden kann. Die zum Verständnis des Planungsmodells notwendigen Grundlagen der Distributionslogistik werden leicht verständlich erklärt, so dass keine Vorkenntnisse aus dem Bereich des Operations Research erforderlich sind.

Einen Schwerpunkt bildet der betriebswirtschaftliche Aspekt der Netzwerkoptimierung: Es geht nicht ausschließlich darum, Distributionskosten zu senken oder den Lieferservice zu steigern, sondern aus dem Geschäftsmodell eines Unternehmens den notwendigen Lieferservice abzuleiten und zu minimalen Distributionskosten darzustellen. Aus diesem Grund werden alle wesentlichen Kosten- und Leistungstreiber von Distributionsnetzwerken ausführlich erläutert und im Planungsmodell berücksichtigt.

Da die Beschaffungsmärkte in den letzten Jahren von vielen Unternehmen nach Osteuropa und Asien verlagert wurden, die Hauptabsatzmärkte aber im wesentlichen Europa und Nordamerika geblieben sind, wird auf diese Problematik innerhalb der Netzwerkoptimierung gesondert eingegangen.

Allen Beteiligten, die mich bei der Entstehung des vorliegenden Werkes tatkräftig unterstützt haben, möchte ich hiermit meinen Dank aussprechen. Ohne sie wäre diese Veröffentlichung nicht möglich geworden. Stellvertretend seien genannt:

Prof. Dr.-Ing. Uwe Clausen, Inhaber des Lehrstuhls für Verkehrssysteme und -logistik an der Universität Dortmund und Institutsleiter am Fraunhofer-Institut für Materialfluss und Logistik (IML) in Dortmund; Prof. Dr. Alex Vastag, Abteilungsleiter am IML; Dr.-Ing. Dipl.-Inform. Bernhard van Bonn, Gruppenleiter Distributionslogistik und stellvertretender Abteilungsleiter am IML; Dipl.-Inform. Marc Berning, ehemaliger Mitarbeiter am IML.

Darüber hinaus gilt mein ganz besonderer Dank dem Executive Board der Hilti AG mit Sitz in Schaan/ Liechtenstein, ohne dessen Unterstützung die Anwendung der Planungsmethode und die Umsetzung der Ergebnisse in der Praxis nicht möglich gewesen wären.

Urban Siller

Inhaltsverzeichnis

Abbildungsverzeichnis

1 Einleitung

1.1 Untersuchungsziel und Abgrenzung

Im internationalen Wettbewerb ist die Einhaltung des Lieferservice hinsichtlich Lieferzeit, Lieferzuverlässigkeit und Lieferungsbeschaffenheit selbstverständlich geworden, hinzu kommen noch gestiegene Anforderungen an die Lieferflexibilität [HOPPE 2002, S. 9]. Aus diesen Gründen ist seit etwa 10 Jahren eine Trendumkehr bei der Gestaltung von Distributionsnetzwerken festzustellen: War in den neunziger Jahren noch eine zunehmende Zentralisierung auszumachen, um primär die Distributionskosten zu senken [WEBER 2003, S. 2], wird inzwischen nach Lösungen gesucht, die den für ein bestimmtes Geschäftsmodell notwendigen Lieferservice zu diesbezüglich optimalen Kosten liefern. Insbesondere bei kurzen Lieferzeitanforderungen und transportkostenintensiven Produkten führt dieser Ansatz zu dezentralen Lösungen, die eine kurze räumliche Distanz zum Kunden aufweisen.

Die räumliche Nähe zum Kunden in den Absatzmärkten steht im Gegensatz zu dem Trend die Beschaffungsmärkte immer mehr in Niedriglohnländer wie Osteuropa und Asien (insbesondere China) zu verlagern [ATKEARNEY 2005; S. 3 f.]. Bei vielen weltweit tätigen Unternehmen ist ein räumliches Auseinanderfallen der Absatz- und der Beschaffungsmärkte zu beobachten, was aufgrund der langen Wiederbeschaffungszeiten zu Einbrüchen im Lieferservice führen kann und mit hohen Kosten für Sicherheitsbestände und Sondertransportkosten zu kompensieren versucht wird.

Im Themengebiet der Verkehrslogistik existiert eine Vielzahl heuristischer und exakter Verfahren zur Optimierung der beiden Einzelproblemstellungen

- Standortplanung zur service- und kostenoptimalen Belieferung von Kunden auf der Absatzseite und
- Transportoptimierung zwischen den Beschaffungs- und den Absatzmärkten auf der Beschaffungsseite.

Beide Problemstellungen weisen erhebliche Gemeinsamkeiten hinsichtlich der Methodologie und der erforderlichen Datenbasis auf. So wird üblicherweise für einen vorher definierten Lieferservice das Minimum aus den Lagerhaltungs-, Transport- und Kapitalkosten oder für vorgegebene Distributionskosten der maximal erzielbare Lieferservice gesucht. Dazu benötigen die zumeist verwendeten klassischen Analyse- und Optimierungsverfahren eine breite Datenbasis – in der Regel Sendungsdaten und Stammdaten für einen repräsentativen historischen Zeitraum – wobei auch alternative Verfahren bestehen, die geographische, demographische und statistische Daten zur Standortoptimierung nutzen [VAN BONN 2001a, S. 9 ff.]. Die Kombination der klassischen und alternativen Lösungsverfahren verspricht die Möglichkeit auch komplexe Netzwerkstrukturen zu optimieren, wie sie üblicherweise in globalen Distributionsnetzwerken vorliegen.

Insbesondere für global tätige Unternehmen, welche die Supply Chain von den weltweiten Beschaffungsmärkten bis zu den Kunden „End-to-End" bewirtschaften, ist eine integrale Betrachtung der Beschaffungs- und Absatzseite von Interesse, da dadurch die Auswirkungen unterschiedlicher Beschaffungsszenarien auf den Lieferservice und die totalen Distributionskosten in so genannten „globalen Distributionsnetzwerken" ermittelt werden können. Globale Distributionsnetzwerke sind dadurch charakterisiert, dass sie alle vertikalen Distributionsstufen (Lager- und Umschlagpunkte) von den Lieferanten bis zu den Kunden betrachten.

Derartige Fragestellungen werden aufgrund des „Total-Cost-of-Ownership"-Gedankens in modernen Supply Chains immer aktueller, um z. B. niedrigere Einkaufspreise auf der Beschaffungsseite nicht mit überproportional höheren Distributionskosten und einem evtl. schlechteren Lieferservice auf der Absatzseite zu bezahlen. Das Konzept des „Total-Cost-of-Ownership" ist eine Entscheidungshilfe, die Kosten- und Nutzenaspekte für die verschiedenen Kostenarten einer Supply Chain von der Bedarfsermittlung bis zum Ausscheiden eines Beschaffungsgutes mit einbezieht [ELLRAM 1994, S. 171 ff.].

Weiterhin besteht häufig die Anforderung unterschiedliche Zukunftsszenarien zu optimieren – z. B. die Auswirkung von geplanten Produktionsverlagerungen auf das globale Distributionsnetzwerk – und diese Szenarien anschließenden Sensitivitätsanalysen zu unterziehen.

Diese und ähnlich gelagerte Fragestellungen können beantwortet werden, indem existierende Methoden und Lösungsverfahren zur Distributionsplanung miteinander kombiniert werden und die komplette Distributionsstruktur von der Beschaffung- bis zur Absatzseite „End-to-End" modellhaft abgebildet wird. Da die bestehenden Verfahren zur Lösung komplexer Fragestellungen zumeist iterativ arbeiten, sollte aufgrund der großen Datenmengen und der hohen Komplexität globaler Distributionsnetzwerke ein einfacheres, vorgelagertes Optimierungsverfahren eingesetzt werden, das bereits eine gute Ausgangslösung für die anschließende Feinoptimierung zur Verfügung stellt. Diese vorgelagerte Optimierung kann auch dazu verwendet werden die grundlegende Fragestellung zu beantworten, ob ein einziges Distributionsnetzwerk geplant werden soll, oder ob eine segmentierte Netzwerkstruktur – z. B. nach Produkteigenschaften – eher erfolgversprechend ist.

Das Ziel der vorliegenden Arbeit ist es

- Existierende Methoden und Lösungsverfahren zur Distributionsplanung hinsichtlich ihrer Kombinierbarkeit und Anwendbarkeit auf die Optimierung globaler Distributionsnetzwerke zu untersuchen.
- Eine Methodenkombination zu entwickeln, mit der sich die totalen Distributionskosten entlang der Supply Chain von den Beschaffungsmärkten bis zu den Kunden in den Absatzmärkten für unterschiedliche Lieferservice optimieren lassen und das die Abhängigkeiten zwischen den unterschiedlichen Kostenarten berücksichtigt.
- Ein einfaches aber hinreichend genaues Verfahren zur vorgelagerten Optimierung zu entwickeln, mit dem eine gute Ausgangslösung für die anschließende Feinoptimierung unter Einbezug des Geschäftsmodells und der Unternehmensstrategie gefunden werden kann.
- Die für die Optimierung notwendigen Aufkommensdaten, welche häufig räumlich und zeitlich in unterschiedlichen Granularitäten vorliegen, auf eine gemeinsame Detaillierungsebene zu überführen und anschließend mit unterschiedlichen Inputparametern in die Zukunft zu extrapolieren.

Zum Umfang dieser Arbeit gehört die Ermittlung der optimalen physischen Struktur inkl. der Bestände in den Lagerstandorten sowie der Materialströme von den weltweiten Beschaffungsmärkten bis zu den global verteilten Kunden für vorgegebene Rahmenbedingungen. Alle bestehenden Lieferanten- und Werksstandorte sowie für die Zukunft geplante Verlagerungsszenarien werden als Inputgrößen betrachtet und sind nicht Bestandteil der Netzwerkoptimierung. Allerdings soll die in dieser Arbeit vorgestellte Distributionsplanungsmethode die Möglichkeit beinhalten die Auswirkung von verschiedenen Lieferanten- und Werksstandortplanungen auf die totalen Distributionskosten und den Lieferservice zu eruieren.

Sinngemäß das Gleiche gilt für die Absatzseite: Auch hier werden aktuelle und zukünftige Kundenverteilungen als gegeben hingenommen. Die Möglichkeit unterschiedliche Absatzmarktszenarien und deren Wirkung auf die totalen Distributionskosten und den Lieferservice zu ermitteln, ist in den Lösungsansatz zu integrieren.

1.2 Problem- und Aufgabenstellung

Die Auswirkungen von unterschiedlichen Zukunftsszenarien auf der Beschaffungs- und Absatzseite beeinflussen den Lieferservice sowie die Struktur und die Kosten von globalen Distributionsnetzwerken. Im Gegensatz zur physischen Netzwerkstruktur sind die Wirkmechanismen von globalen Netzwerkstrukturen in Industrieunternehmen z. T. nicht bekannt, sodass die Auswirkungen von unterschiedlichen Zukunftsszenarien auf den Lieferservice und die Distributionskosten nicht analytisch ermittelt, sondern bestenfalls qualitativ abgeschätzt werden können. Damit sind Kosten-/ Nutzenanalysen von z. B. Werks- und Lieferantenverlagerungen oder neuen Vertriebsmodellen nicht hinreichend genau durchführbar (siehe Abb. 1.1).

Die Besonderheit der Problemstellung liegt darin, die totalen Distributionskosten entlang der Supply Chain von den (Übersee-) Lieferanten bis zu den Kunden für gegebene Inputparameter zu berechnen und die Wechselwirkungen innerhalb des Netzwerkes zu modellieren. Dabei tauchen insbesondere aufgrund der Tendenz die Beschaffungsquellen weg von den etablierten Absatzmärkten in Niedriglohnländer zu verlagern, folgende typische Fragestellungen auf:

- Welche quantitativen Auswirkungen hat die Verlagerung von Produktionswerken und Lieferanten auf das Distributionsnetzwerk im Absatzmarkt?
- Müssen neue Umschlagpunkte und/ oder (Zentral-) Lagerstandorte vorgesehen werden, um für einen gegebenen Lieferservice optimale Distributionskosten zu erzielen? Wenn ja, wo müssen diese liegen? Welcher Anteil des gesamten Transportbedarfs kann nach wie vor direkt an Aus-

lieferungslager geliefert werden, welcher Anteil ist mehrstufig zu distribuieren?

- Welche Bestände sind vorzusehen, um die längeren Wiederbeschaffungszeiten bei konstantem Bedarfsverhalten und konstanter Warenverfügbarkeit zu kompensieren?
- Reduziert die neue Netzwerkstruktur Kosteneinsparungen auf der Beschaffungsseite und wenn ja um wie viel?

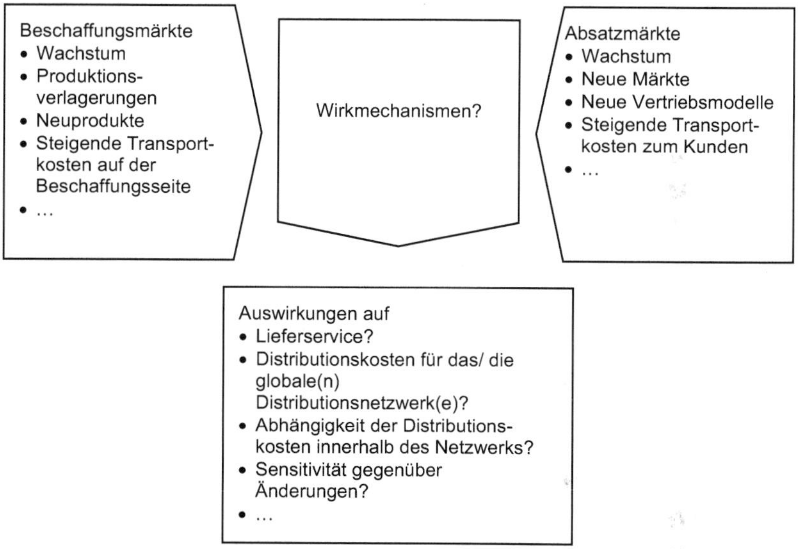

Abb. 1.1 Einflussfaktoren der Beschaffungs- und Absatzmärkte auf die Struktur globaler Distributionsnetzwerke

Insbesondere der letzte Punkt ist von hoher Relevanz, um die eingangs erwähnte „Total-Cost-of-Ownership"-Frage beantworten zu können. In globalen Distributionsnetzwerken werden unter dem Total-Cost-of-Ownership-Begriff die Beschaffungskosten eines Produktes zum Einstandspreis zzgl. der Summe der Lagerhaltungs-, Transport- und Kapitalkosten entlang der vertikalen Distributionsstruktur von der Quelle bis zum Kunden verstanden. Diese Definition lehnt sich an das von Bill Kirwin für die Informationstechnologiebranche entwickelte Total-Cost-of-Ownership-Verfahren an, indem erstmals nicht nur die Anschaffungskosten, sondern auch alle Kostenaspekte der späteren Nutzung von Hard- und Software enthalten sind: „TCO can lead to cost reduction, but the TCO numbers reflect only part of the story....TCO is a holistic view of costs across enterprise boundaries over time." [GARTNER 2003, S. 1 ff.].

Bei einer weltweiten Betrachtung ist das Problem der zumeist in unterschiedlichen Detaillierungsgraden, Formaten und Strukturen vorliegenden Daten gravierender als bei rein nationalen Problemstellungen. So sind z. B. häufig nur für etablierte Märkte detaillierte Umsatzzahlen verfügbar, wohingegen für Wachstumsmärkte und insbesondere neue Märkte häufig nur grobe Prognosen auf einer hohen Aggregationsstufe (z. B. zukünftige Umsätze für eine Ländergruppe) vorliegen. Außerdem ist zumeist eine heterogene IT-Landkarte vorzufinden, sodass z. B. Sendungsdaten in der Struktur stark voneinander abweichen oder überhaupt nicht verfügbar sind.

Bestehende Netzwerke müssen modelliert werden können, um den Status quo zu ermitteln und damit eine Vergleichsbasis für alle Zukunftsszenarien zu erstellen. Historische Daten in unterschiedlichen Strukturen und Aggregationsstufen sind in eine einheitliche Struktur und Granularität zu überführen. Die normierten historischen Daten müssen auf Basis von Zukunftsprognosen (z. B. geplantes Umsatzwachstum für unterschiedliche Planungsperioden) extrapoliert werden können.

Das Modell muss in der Lage sein folgende Fragestellungen zu beantworten:

- Wie sieht die optimale Netzwerkstruktur von den Beschaffungs- bis zu den Absatzmärkten aus, um einen vorgegebenen Lieferservice zu minimalen totalen Distributionskosten zu erzielen (Minimalprinzip) oder für gegebene totale Distributionskosten den Lieferservice zu maximieren (Maximalprinzip)?
- Welcher Lieferservice wird erreicht?
- Welche totalen Distributionskosten werden erforderlich?
- „Was-Wäre-Wenn"-Szenarien im Sinne von Sensitivitätsanalysen müssen durchgespielt werden können, z. B. wie würde sich die Struktur ändern (bzw. ändert sie sich überhaupt) wenn sich die Transportkosten verdoppeln?

- Die Wirkmechanismen globaler Distributionsnetzwerke sollen operativ besser verstanden werden, so dass das Management zukünftig auch ohne aufwändige Simulationen Auswirkungen von Veränderungen im Geschäftsmodell und/ oder der Unternehmensstrategie quantitativ und qualitativ abschätzen kann.

Die Ergebnisse des Optimierungsmodells hinsichtlich des erreichten Lieferservice und der totalen Distributionskosten sind quantitativ und qualitativ in einem Ergebnisblatt darzustellen, so dass geeignete von ungeeigneten Lösungen unterschieden werden können. Darüber hinaus sind quantitative Bewertungskriterien – wie z. B. die Komplexität der optimalen Netzwerkstruktur oder die Sensitivität gegenüber Marktveränderungen bzw. Standortausfällen – in die Lösungsbewertung zu integrieren.

Die zu betrachtenden Kostenarten sind zwar auf der Beschaffungs- und der Absatzseite identisch (Transport-, Lagerhaltungs-, Kapital-, Administrations- und Fehlmengenkosten), allerdings unterscheiden sich die Hebel der Kostentreiber und die Kostenfunktionen für die unterschiedlichen Kostenarten entlang der Supply Chain. Aus diesem Grund sind für die unterschiedlichen Blöcke innerhalb der Netzwerktopologie die jeweiligen Kostentreiber zu ermitteln und in ihrer gegenseitigen Wechselwirkung im Modell abzubilden.

1.3 Vorgehensweise

Die Lösung der beschriebenen Aufgabenstellung setzt bestimmte Grundlagen der Distributionslogistik voraus. Daher erfolgt im Kapitel 2 eine grundlegende Betrachtung der Strukturen und der Material- und Werteströme von Distributionsnetzwerken, die Definition des Lieferservice und der Leistungstreiber sowie der Distributionskosten und der Kostentreiber. Das Zusammenwirken von Lieferservice und Distributionskosten und der Einfluss dieser beiden Größen auf den Unternehmenserfolg bilden den Schluss der Grundlagenbetrachtung.

Kapitel 3 beschreibt existierende Planungsmethoden und Lösungsverfahren zur Optimierung von Distributionsnetzwerken und beurteilt deren Eignung zur Optimierung globaler Distributionsnetzwerke. Daran anschließend werden notwendige Ergänzungen zur Erfüllung der in Kapitel 1.2 definierten Aufgabenstellung herausgearbeitet.

Im Kapitel 4 erfolgt die Herleitung der vom Verfasser entwickelten Methode zur Optimierung globaler Distributionsnetzwerke, wobei sich die Vorgehensweise in die Schritte vorgelagerte Optimierung und Feinoptimierung gliedert, um einen in der Praxis anwendbaren, effektiven und effizienten Optimierungsansatz zu garantieren. Dabei werden strategische Aspekte unter der Berücksichtigung des Geschäftsmodells in den Optimierungsansatz integriert und nicht nur traditionelle Methoden aus dem Bereich des Operations Research betrachtet. Im Folgenden wird das Modell detailliert beschrieben und eine quantitative und qualitative Bewertungsmethode für die mit dem Modell ermittelten Lösungsalternativen vorgestellt, um die optimale Netzwerkstruktur zu identifizieren, welche für die Anforderungen eines spezifischen Planungsproblems am besten geeignet ist.

Kapitel 5 beschreibt an einem konkreten Beispiel die Anwendung der in dieser Arbeit entwickelten Planungsmethode zur Optimierung globaler Distributionsnetzwerke.

Kapitel 6 beendet die vorliegende Arbeit mit einer zusammenfassenden Darstellung der vorgestellten Planungsmethode und gibt einen Ausblick auf die Übertragbarkeit auf andere Branchen sowie mögliche zukünftige Erweiterungen.

2 Grundlagen der Distributionslogistik

2.1 Aufgaben der Distributionslogistik

Die Aufgabe der Logistik wird vom amerikanischen Council of Logistics Management wie folgt definiert [HOPPE 2002, S. 20]: „Logistics is the part of the Supply Chain process that plans, implements, and controls the efficient, effective flow and storage of goods, services, and related information from the point of origin to the point of consumption in order to meet customers' requirements". Somit umfasst die Logistik den gesamten Güter- und Informationsfluss eines Unternehmens, wobei häufig auch der Finanzfluss dazugerechnet wird, da die Rechnungsstellung in vielen Unternehmen von der Logistik ausgelöst wird [PFOHL 2004, S. 86].

Nach JÜNEMANN besteht der logistische Auftrag darin „Die richtige Menge, der richtigen Objekte als Gegenstände der Logistik, am richtigen Ort, in der richtigen Qualität, zum richtigen Zeitpunkt, zu den richtigen Kosten zur Verfügung zu stellen" [JÜNEMANN 1989, S. 18].

Die Distributionslogistik beinhaltet gemäß dieser allgemeinen Logistikdefinition lediglich eine Teilaufgabe der Logistik, da sie nach DIN 30781, Teil 1 die „Bereitstellung, Verteilung, den Vertrieb und Handel von Fertigprodukten" sicherstellt [DIN 1989] und dazu nach DIN EN 12777 die Tätigkeiten „Planung, Koordinierung, Steuerung bzw. Optimierung des Informations- und Güterflusses vom Produktionsende bis zum Kunden" umfasst [DIN 1997]. Demnach beschränkt sich die Distributionslogistik im Vergleich zur Logistik auf die Distribution von Verkaufsprodukten (häufig inkl. der Ersatzteillogistik) und beinhaltet weder die Beschaffungslogistik (Versorgung von Produktionswerken mit Roh- und Halbfabrikaten), noch die Produktionslogistik (Materialfluss zwischen und innerhalb der Produktionswerke) (siehe Abb. 2.1).

Zu den Kerntätigkeiten der Distributionslogistik gehören

- die Bedarfsprognose,
- die Bestandsplanung,
- der Bestandseinsatz,
- die Lagerauffüllung,
- die Auftragsbearbeitung und

- die physische Auslieferung

von Verkaufsprodukten und Ersatzteilen [SCHULTE 1995, S. 176 ff.].

Der physische Teil der Distributionslogistik besteht aus den drei Basiselementen

- Lager,
- Transport und
- den Beständen in den Lagerstandorten (Lagerbestand) und in den Transportmitteln (Transitbestand).

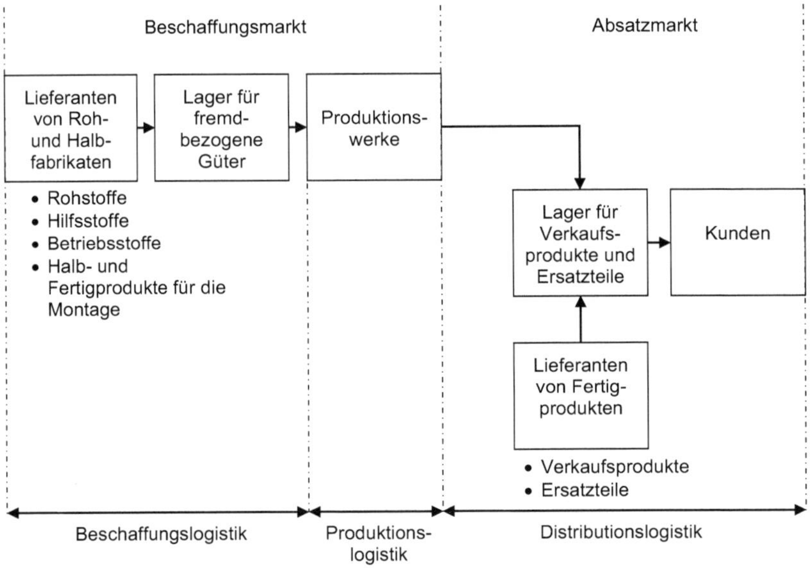

Abb. 2.1 Logistisches System eines Industrieunternehmens nach FILZ [FILZ 1989, S. 3]

Diese drei Basiselemente treten in der betrieblichen Praxis meistens mehrfach auf und bilden damit als Grundbausteine die Struktur des Distributionsnetzwerkes eines Unternehmens.

2.2 Strukturen von Distributionsnetzwerken

Wie im letzten Kapitel erläutert, lassen sich beliebige Distributionsnetzwerke mit den drei Basiselementen Lager, Transport und den Beständen beschreiben. Die Lagerstandorte bilden dabei die Knoten des Netzwerkes und die Transporte die Netzwerkkanten. Die Bestände in den Lagerstandorten und im Transit sind die Bestands- und die Stromgrößen des Netzwerkes.

Die wesentlichen Strukturparameter von Distributionsnetzwerken sind die

- Zahl der Lagerstufen zwischen den Produktionswerken und Lieferanten sowie den Kunden (vertikale Distributionsstruktur),
- und die Anzahl der Lagerstandorte pro Lagerstufe (horizontale Distributionsstruktur) (siehe Abb. 2.2).

Die Auslieferungslager dienen der service- und kostenoptimalen Kundenbelieferung, weshalb sich ihre geographische Lage und Anzahl nach der Verteilung der Kunden bzw. der Zuordnung zu bestimmten Verkaufsgebieten oder Landesorganisationen richtet. Aus diesem Grund findet sich in dieser Lagerstufe häufig ein reduziertes Sortiment, das auf die entsprechende Kunden- bzw. Verkaufsregion zugeschnitten ist.

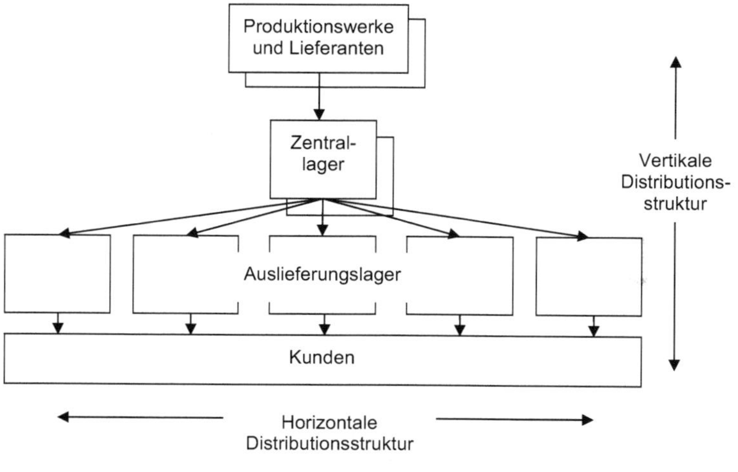

Abb. 2.2 Vertikale und horizontale Distributionsstruktur nach PELLIZARI [PELLIZARI 1991, S. 139 ff.]

Die Zentrallagerstufe beinhaltet zumeist das gesamte Sortiment eines Unternehmens und dient als Zwischenlager zwischen den Produktionswerken und Lieferanten und den Auslieferungslagern. Die Standorte der Zentrallagerstufe richten sich nach der Lage der Auslieferungslager und der Lage der Produktionsstandorte und Lieferanten, um eine kostenoptimale Versorgung der Auslieferungslager sicherzustellen. Der Lieferservice spielt hier eine untergeordnete Rolle, da längere Wiederbeschaffungszeiten über Sicherheitsbestände ausgeglichen werden können.

Auf die Begriffe „Lieferservice“ und „Distributionskosten“ wird in den folgenden Kapiteln genauer eingegangen. Anhand von Abb. 2.2 wird bereits an dieser Stelle deutlich, dass eine hohe Anzahl an vertikalen und horizontalen Lagerstufen kurze Wege und damit kurze Lieferzeiten zu tendenziell niedrigen Transportkosten an den Kunden verspricht, jedoch zu hohen Beständen, Lagerkosten und einer eingeschränkten Lieferzuverlässigkeit im gesamten Distributionsnetzwerk führt. Aus diesem Grund wird die vertikale Distributionsstruktur nach der Art des Distributionsweges weiter differenziert, da abhängig von der Sendungsgröße unter Einhaltung des vereinbarten Lieferservice einzelne oder mehrere Lagerstufen übersprungen werden können, um die Distributionskosten zu reduzieren (siehe Abb. 2.3).

Im Bereich kleiner Sendungsgrößen (Paketsendungen) sind häufig indirekt zweistufige Distributionsnetzwerke vorzufinden. Sobald ein Auslieferungslager aus einem bestimmten Beschaffungsgebiet eine hohe Nachfrage aufweist, lassen sich in einem indirekt einstufigen Netzwerk mittels eines Umschlagpunktes die Transportbedarfe konsolidieren, die Zentrallagerstufe einsparen und Ganzpalettensendungen oder Teilladungen realisieren. Die Funktion von Umschlagpunkten und ihre Einbindung in den logistischen Ablauf kann z. B. CLAUSEN entnommen werden [CLAUSEN 2005, S. 8]. Bei großen Sendungen von einem Produktionswerk bzw. Lieferanten an ein bestimmtes Auslieferungslager erfolgt der Transport zumeist indirekt einstufig ohne Umschlagpunkt unter Umgehung des Zentrallagers in Form von Teil- oder Komplettladungen. Bei sehr großen Sendungen von einem Produktionswerk bzw. Lieferanten an eine bestimmte Kundenadresse, kann die Belieferung direkt ohne weitere Knotenpunkte erfolgen, sofern der zugesagte Lieferservice eingehalten wird und die zu transportierende Menge Komplettladungen rechtfertigt.

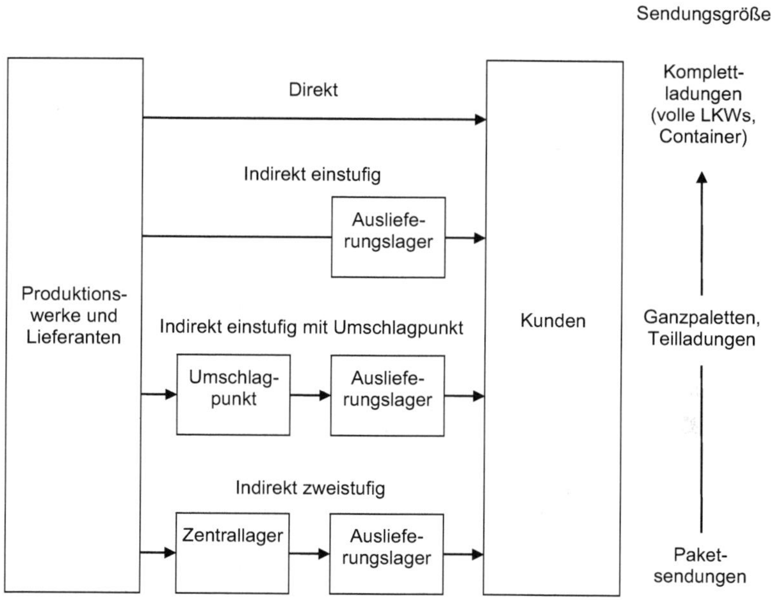

Abb. 2.3 Differenzierung der vertikalen Distributionsstruktur nach dem Distributionsweg in Abhängigkeit von der Sendungsgröße

Häufig werden Distributionsnetzwerke nach ihrer geographischen Struktur klassifiziert und in

- dezentrale,
- nationale,
- regionale und
- zentrale

Netzwerke unterschieden (siehe Abb. 2.4).

Dezentrale Netzwerke sind durch mehrere Auslieferungslager in einem Land gekennzeichnet, die von mehreren Zentrallagern und Umschlagpunkten beliefert werden. In den Auslieferungslagern können Teilsortimente oder das komplette Sortiment vorgehalten werden. Frische Produkte, Baustoffe, Selbstabholersortimente und z. T. kritische Computerersatzteile werden typischerweise über solche Netzwerkstrukturen distribuiert. Das Sortiment ist meistens eng begrenzt, weist eine eingeschränkte Haltbarkeit auf, die Produkte haben tendenziell einen geringen Wert, es wird ein „Same Day"-Lieferservice gefordert, die Produktionsstrukturen sind dezentral und es gibt eine große Zahl von Abholkunden.

Merkmale	Geographische Klassifizierung und logistische Ausprägung			
	Dezentral	National	Regional	Zentral
Distributionsstruktur	Mehrere Auslieferungslager pro Land	Ein Auslieferungslager pro Land	Mehrere Länder pro Auslieferungslager	Ein zentrales Auslieferungslager für viele Länder
Sortiment in den Auslieferungslagern	Teil- oder Vollsortiment	Vollsortiment	Vollsortiment	Vollsortiment
Typische Produkte	Frische Produkte, Baustoffe, Selbstabholersortimente, kritische Computerersatzteile	Bücher, Consumer Elektronik	Tonträger, Haushaltsgeräte, Automobilersatzteile, chemische Produkte	Ersatzteile für landwirtschaftliche Maschinen, Bergbaumaschinen, Flugzeuge, elektronische Bauteile
Sortimentsbreite	Eng begrenzt	Mittel	Groß	Sehr groß
Haltbarkeit	Gering	Größer ein Monat	Groß	Nahezu unbegrenzt
Wert der Produkte	Niedrig	Mittel	Mittel bis hoch	Hoch
Lieferservice	„Same Day"	„Next Day" oder „Next Morning"	24 - 48 Stunden	24 - 72 Stunden
Produktionsstruktur	Dezentral	Zentral	Zentral	Zentral
Kundenstruktur	Überwiegend Selbstabholer	Wenige Selbstabholer	Keine Selbstabholer	Keine Selbstabholer

Abb. 2.4 Geographische Klassifizierung von Distributionsnetzwerken nach HOPPE [HOPPE 2002, S. 24 ff.]

Nationale Netzwerke weisen typischerweise ein Auslieferungslager pro Land auf, wobei die Auslieferungslager von einem oder mehreren Zentrallagern und Umschlagpunkten beliefert werden. In den Auslieferungslagern wird das komplette für ein Land vorgesehene Sortiment gelagert. Zum Beispiel werden Bücher und Consumer Elektronik über nationale Netzwerke verteilt. Das Sortiment weist eine mittlere Breite auf, die Haltbarkeit der Produkte ist größer als ein Monat, die Produkte haben einen mittleren Wert, es wird ein „Next Day"- oder „Next Morning"-Lieferservice erwartet, die Produktionsstrukturen sind zentral und es gibt nur eine geringe Anzahl an Selbstabholern.

In regionalen Netzwerken beliefert ein Auslieferungslager mehrere Länder oder auch nur Teile mehrerer Länder. Die Auslieferungslager werden wiederum über ein oder mehrere Zentrallager und Umschlagpunkte, aber auch zu einem Teil direkt von den Produktionswerken und Lieferanten versorgt. In den Auslieferungslagern wird das komplette Sortiment für die zu beliefernden Länder bzw. Landesteile gelagert. Tonträger, Haushaltsgeräte, Automobilersatzteile und chemische Produkte werden häufig über regionale Netzwerke vertrieben. Die Sortimentsbreite ist meistens groß, die Produkte weisen eine hohe Haltbarkeit und einen mittleren bis hohen Wert auf, es wird ein 24 - 48 Stunden Lieferservice angestrebt, die Produktionsstrukturen sind zentral und es gibt keine Selbstabholer.

Zentrale Netzwerke bestehen aus einem oder mehreren zentralen Auslieferungslagern, die das komplette Sortiment vorhalten und keinen weiteren Lagerstufen. Ersatzteile für landwirtschaftliche Maschinen, Bergbaumaschinen und Flugzeuge sowie elektronische Bauteile sind typische Produkte für zentrale Netzwerke. Die Sortimentsbreite ist sehr groß, die Produkte sind fast unbegrenzt haltbar und haben einen hohen Wert, der Lieferservice beträgt 24 - 72 Stunden, die Produktionsstrukturen sind zentral und es gibt keine Selbstabholer. In zentralen Netzwerken haben die Transportkosten eine untergeordnete Bedeutung, da die Kosten für Maschinenausfallzeiten wesentlich höher als die Transportkosten für Express- und Kurrierdiensttransporte sind und die zentrale Lagerung Vorteile bei den Lagerhaltungs- und Kapitalkosten sowie der Warenverfügbarkeit bietet.

2.3 Material- und Werteströme in Distributionsnetzwerken

Auf Basis der in Kapitel 2.2 beschriebenen Strukturen ergibt sich die in Abb. 2.5 skizzierte schematische Darstellung der Waren- und Werteströme in Distributionsnetzwerken.

Sämtliche Bedarfe entstehen bei den Kunden und müssen über die Distributionskette von den Quellen in den Beschaffungsmärkten über die räumliche Distanz zu den Senken in den Absatzmärkten distribuiert werden. Dabei sind sowohl die Quellen als auch die Senken in beliebiger Weise geographisch

(z. B. global) verteilt. Des Weiteren kann ein Artikel einer Quelle (single Source) oder auch mehreren Quellen (multiple Source) entspringen.

Die Kunden erhalten die von ihnen generierten Bedarfe im Allgemeinen nicht als Kontinuum, sondern in einzelnen Sendungen, die mehrere Bestellpositionen und unterschiedliche Mengen der bestellten Artikel beinhalten. Die Sendungen werden in den Auslieferungslagern aus den dort vorhandenen Lagerbeständen kommissioniert.

Die Versorgung der Auslieferungslager erfolgt aus der Zentrallagerstufe, wobei die entstehenden Sendungsgrößen aufgrund der Volumenbündelung tendenziell größer als die Sendungen zu den Kunden ausfallen. Es werden häufig Ansätze verfolgt, die eine optimale Auslastung der Transportmittel (LKWs, Container) vorsehen, in dem die Belieferhäufigkeit der Auslieferungslager in der Frequenz variiert wird.

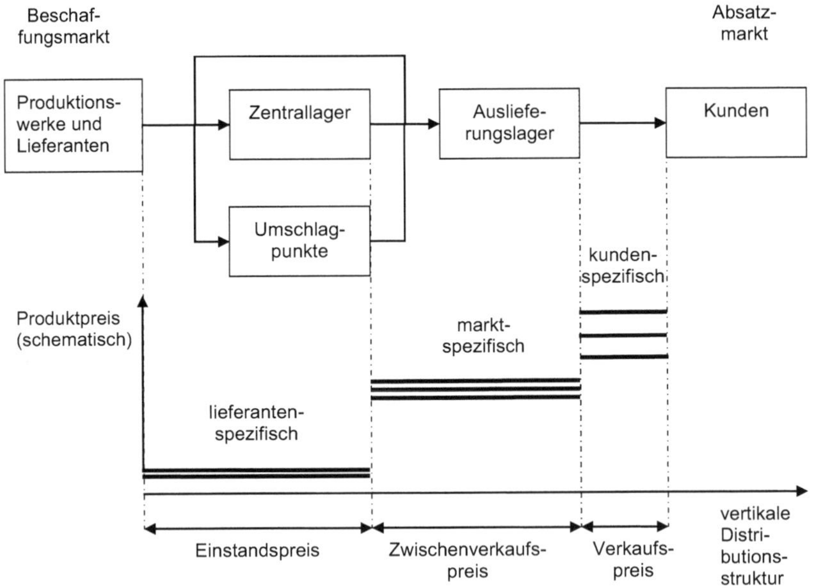

Abb. 2.5 Schematische Darstellung der Material- und Werteströme eines Distributionsnetzwerkes

Die Versorgung der Zentrallagerstufe erfolgt direkt von den Produktionswerken und Lieferanten, wobei eine M:N-Matrix bzgl. der Quellen und der zu beliefernden Zentrallager vorliegt. Auch hier wird üblicherweise die Bestellhäufigkeit bzw. die Mindestbestellgröße zugunsten einer optimalen Frachtmittelausnutzung angepasst.

Die Höhe der Lagerbestände in den Zentral- und Auslieferungslagern richtet sich nach der Schwankungsbreite der Nachfrage und der Wiederbeschaffungszeit, als auch der Bestandspolitik und den damit verbundenen Optimierungszielgrößen (z. B. Bestandsminimierung, optimierte Transportmittelauslastung, Bestandsaufbau zur Reduzierung von Beschaffungsrisiken).

In dem gesamten Netzwerk gilt das Gesetz der Massenerhaltung, so dass für alle Lagerpunkte gilt, dass die Summe des eingehenden Massenstroms gleich der Summe des abgehenden Massenstroms inkl. der Lagerbestände sein muss. Sinngemäß gilt für alle Kanten und Umschlagpunkte des Netzwerkes, dass die Summe der eingehenden gleich der Summe der abgehenden Warenströme ist.

Die Werteströme ergeben sich allgemein aus der Multiplikation der Mengenströme mit einem Wert pro Mengeneinheit. Üblicherweise nimmt der Wert eines Produktes entlang der vertikalen Distributionsstruktur in Richtung der Absatzmärkte zu, so dass in den unterschiedlichen Knoten und Kanten des Distributionsnetzwerkes unterschiedliche Werteströme für den gleichen Massenstrom entstehen. Beispielsweise werden häufig alle Waren bis einschließlich der Zentrallagerstufe zu Einstandspreisen (lieferantenspezifisch bei multiple Source) bewertet und mit dem Verlassen der Zentrallagerstufe mit einem höheren Zwischenverkaufspreis (marktspezifisch) veranschlagt. Ab dem Verlassen des Auslieferungslagers wird der Verkaufspreis (kundenspezifisch) für die Bewertung herangezogen. Somit gilt im Gegensatz zur Massenerhaltung im Allgemeinen nicht das Gesetz der Werterhaltung für die Bestände eines Distributionsnetzwerkes.

2.4 Lieferservice und Leistungstreiber

Der Lieferservice wird vielfach als Maßstab für die Leistungsfähigkeit eines Distributionsnetzwerkes herangezogen. Nach PFOHL lässt sich der Lieferservice in die Komponenten

- Lieferzeit,
- Lieferzuverlässigkeit (Lieferbereitschaft und Prozesssicherheit),
- Lieferungsbeschaffenheit (Lieferungsgenauigkeit und Zustand der Lieferung) sowie die
- Lieferflexibilität (Auftrags- und Lieferantenmodalitäten sowie Kundeninformation)

aufteilen [PFOHL 1996, S. 35 ff.].

Die Lieferzeit ist die Summe der Prozesszeiten aller Elemente der Prozesskette vom Bestelleingang bis zur Anlieferung beim Kunden. Die Lieferzuverlässigkeit gibt an mit welcher Wahrscheinlichkeit die Lieferzeit eingehalten wird, wobei sie von den beiden Komponenten Lieferbereitschaft und Prozesssicherheit determiniert wird. Die Lieferungsbeschaffenheit ist ein Maß für die Höhe der Kundenreklamationen und hängt zum einen von der Lieferungsgenauigkeit und dem Zustand der angelieferten Ware ab. Die Lieferflexibilität als vierte Einflussgröße gibt an in wieweit spezielle Kundenanforderungen berücksichtigt werden können, wobei hier individuelle Mindestbestellmengen, Sonderverpakkungen, Schnittstellen für die Auftragsübermittlung und die Kundeninformation bei Lieferverzögerungen gemeint sind.

Gemäß Abb. 2.6 wird die Netzwerkstruktur insbesondere von der Lieferzeit und der Lieferbereitschaft determiniert, wohingegen alle anderen Elemente des Lieferservice stark von der Qualität der operativen Abwicklung (Lieferungsbeschaffenheit), bzw. von den gewählten Prozessen und Systemen abhängen (Prozesssicherheit und Lieferflexibilität).

Aus den Darstellungen von PFOHL und SPECHT kann abgeleitet werden, dass der Lieferservice der zentrale Key Performance Indikator (KPI) für Distributionsnetzwerke ist und sich aus den beiden Performance Indikatoren (PI) Lieferzeit und Lieferbereitschaft zusammensetzt (siehe Abb. 2.7).

Die Leistungstreiber für die Lieferzeit sind

- der späteste Zeitpunkt für den Bestelleingang (Zeitpunkt),

- die Auftragsdurchlaufzeit (Zeitspanne)
- und der späteste Anlieferzeitpunkt beim Kunden (Zeitpunkt).

Die Leistungstreiber für die Lieferbereitschaft sind über

- die Warenverfügbarkeit (Prozentwert) und
- die Einhaltung der Lieferzeit (Prozentwert)

bestimmt.

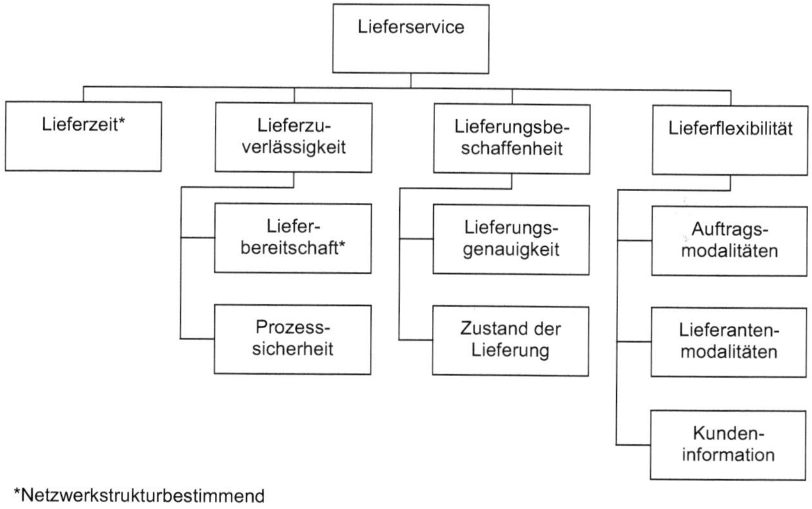

Abb. 2.6 Definition des Lieferservice nach SPECHT [SPECHT 1992, S. 91 ff.]

Leistungsstarke Distributionsnetzwerke weisen demzufolge kurze Lieferzeiten auf, was einer hohen Liefergeschwindigkeit entspricht. Die hohe Liefergeschwindigkeit wird vom Kunden allerdings nur als positiv wahrgenommen, wenn sie verlässlich und für alle Produkte, für die das Lieferversprechen gilt, eingehalten wird. Kundenbefragungen haben ergeben, dass Zuverlässigkeit im Sinne von Pünktlichkeit und Lieferbereitschaft sehr viel wichtiger ist als die reine Liefergeschwindigkeit [HOPPE 2002, S. 15].

Das folgende Beispiel soll die hier gewählte Definition für den Lieferservice verdeutlichen:

- Spätester Bestelleingang 17 Uhr,
- Auftragsdurchlaufzeit 24 Stunden,

- spätester Anlieferzeitpunkt beim Kunden 17 Uhr,
- garantierte Warenverfügbarkeit für alle A- und B-Artikel von 98%, für alle C-Artikel von 80%,
- Einhaltung der Lieferzeit für 95% der Lieferungen.

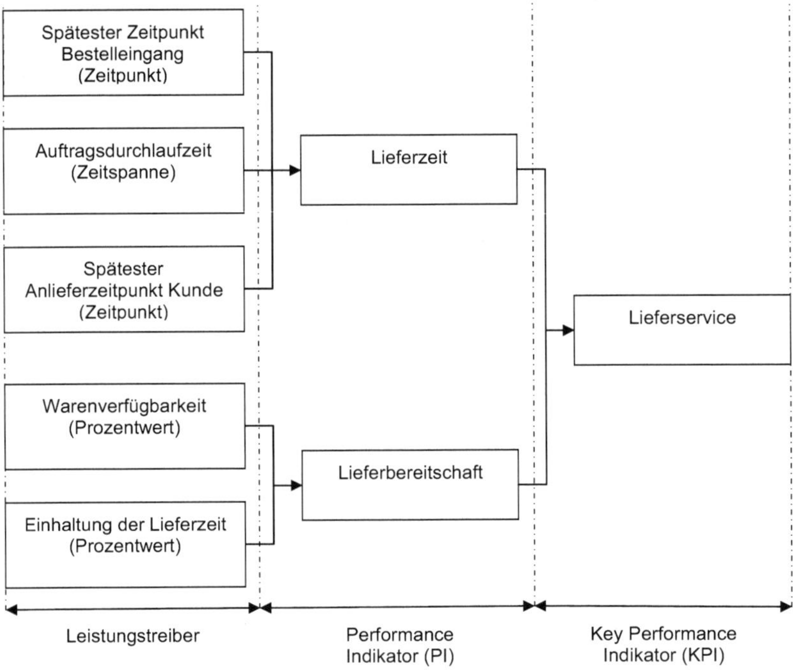

Abb. 2.7 Leistungstreiber und Kennzahlen des Lieferservice in Distributionsnetzwerken

Diese Art der Definition führt im Durchschnitt zu mehr als einer Lieferung pro Kundenauftrag, da unter anderem die C-Artikel eine geringere Warenverfügbarkeit aufweisen, würde aber immer noch die Einhaltung der Lieferzeit für 95% der Lieferungen ermöglichen, sofern der Anteil der C-Artikel nicht mehr als 5% des gesamten Produktportfolios ausmacht.

Das Beispiel veranschaulicht, dass die Leistungstreiber des Lieferservice nicht unabhängig voneinander definiert werden können, sondern starke Interdependenzen zwischen ihnen bestehen.

Der aus Marketingsicht notwendige und den Kunden zugesicherte Lieferservice beeinflusst die Anzahl und die Lage der Auslieferungslager und kann eingehalten werden, wenn

- die Vertriebsanforderungen,
- die Anforderungen der Produktentwicklung
- und die Anforderungen der Beschaffung

als weitere die Netzwerkstruktur bestimmende Anforderungen berücksichtigt werden (siehe Abb. 2.8):

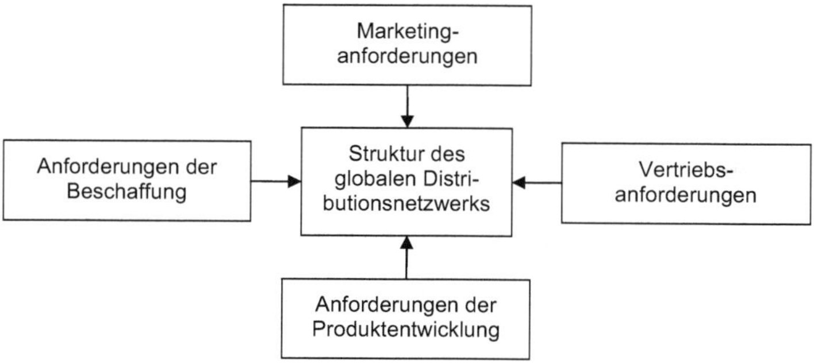

Abb. 2.8 Netzwerkstrukturbestimmende Anforderungen an globale Distributionsnetzwerke nach SILLER [SILLER 2007, S. 5]

- Die Knotenpunkt- und Transportkapazitäten des gesamten Netzwerkes werden von den Vertriebsaktivitäten determiniert, da höhere Verkaufsumsätze die Größe der Standorte und den Transportbedarf beeinflussen.
- In gleicher Weise beeinflusst das Produktportfolio die Lager- und Transportkapazität eines Netzwerkes, wenn z. B. der Umsatzanteil von sehr voluminösen oder sehr schweren Produkten überproportional ansteigt.
- Eine Verlagerung der Beschaffungsmärkte zu Regionen mit niedrigeren Faktorkosten führt in vielen Fällen zu einer größeren räumlichen Distanz zwischen der Beschaffungs- und der Absatzseite, was insbesondere die Anzahl, Lage und Größe der Zentrallagerstufe, bzw. der Umschlagpunkte und Auslieferungslager bei einstufigen Distributionsnetzwerken, verändert.

Zusammenfassend ist der vom Marketing bzw. vom Markt und damit von den Kunden geforderte und vom Unternehmen realisierte Lieferservice der wichtigste Einflussfaktor und zugleich der maßgebliche Treiber für die Struktur eines globalen Distributionsnetzwerkes. Der Lieferservice wird beeinträchtigt, wenn z. B. die physische Netzwerkkapazität überschritten wird oder die räumliche Distanz zwischen Absatz- und Beschaffungsmärkten stark zunimmt, weshalb die Vertriebs-, Produkt- und Beschaffungsstrategien bei der Netzwerkoptimierung mit berücksichtigt werden müssen.

2.5 Distributionskosten und Kostentreiber

2.5.1 Kostenarten in Distributionsnetzwerken

Unter den Distributionskosten werden im Allgemeinen die folgenden Kostenarten zusammengefasst (siehe Abb. 2.9):

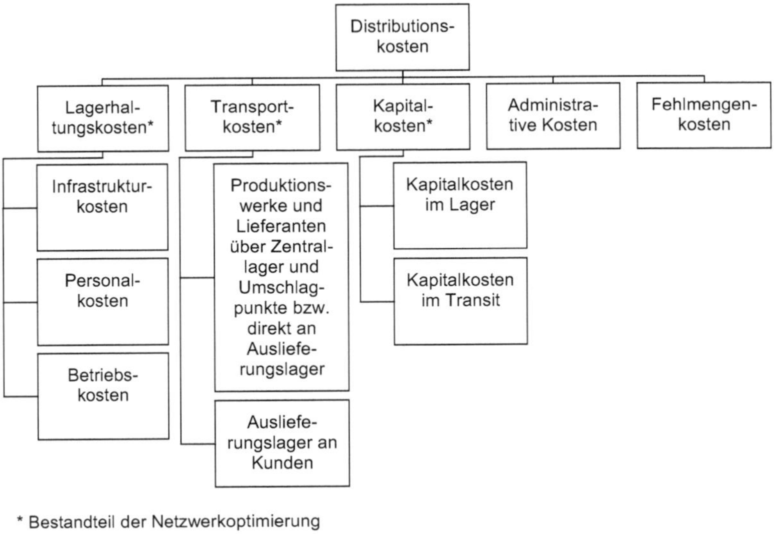

Abb. 2.9 Distributionskosten in globalen Distributionsnetzwerken nach REIHLEN [REIHLEN 1997, S. 175 f.]

- Lagerhaltungskosten: Infrastruktur-, Personal- und Betriebskosten für Zentral- und Auslieferungslager sowie Umschlagpunkte;

- Transportkosten: Von Produktionswerken und Lieferanten über Zentrallager und Umschlagpunkte bzw. direkt an Auslieferungslager sowie von Auslieferungslagern an Kunden;
- Kapitalkosten: Im Lager und im Transit;
- Administrationskosten: Bedarfsplanung, Materialwirtschaft, Kunden- und Lieferantenmodalitäten, Projektteams, etc.;
- Fehlmengenkosten: Mangelnde Prozesssicherheit.

Für die Optimierung von Distributionsnetzwerken sind insbesondere die ersten drei Kostenarten von Interesse, da sie zusammen zwischen ca. 60% und 90% der totalen Distributionskosten ausmachen und unmittelbar von der gewählten Netzwerkstruktur abhängen (vergleiche Abb. 2.18). Außerdem können diese Kostenarten – wie in Kapitel 4 gezeigt werden wird – in einen funktionalen Zusammenhang mit den Leistungs- und Kostentreibern des Netzwerkes gebracht werden.

Anders verhält sich dies bei den Administrations- und Fehlmengenkosten:

- Administrationskosten werden zum einen davon beeinflusst inwieweit die Bedarfsplanung und die Materialwirtschaft von automatisierten Systemen durchgeführt werden, um den Personalaufwand auf die Pflege des Systems zu reduzieren und manuelles Eingreifen zu eliminieren. Auf der anderen Seite werden Administrationskosten stark von den Kunden- und Lieferantenmodalitäten getrieben, wenn z. B. häufig Sonderwünsche zu erfüllen sind bzw. Projekte durchgeführt werden müssen.
- Bei den Fehlmengenkosten handelt es sich um Kosten, die aufgrund mangelnder Prozesssicherheit eintreten, da z. B. die angestrebte Warenverfügbarkeit oder die zugesagte Transportdurchlaufzeit nicht eingehalten werden können.

Es ist aufwendig und in der Praxis sehr schwer möglich administrative und Fehlmengenkosten in einen allgemeingültigen, analytischen Optimierungsansatz zu integrieren. In der weiteren Kostenbetrachtung liegt der Fokus deshalb ausschließlich auf den Lagerhaltungs-, Transport- und Kapitalkosten.

Zur Berechnung der jeweiligen Kostenart werden die Kostentreiber und das Mengengerüst identifiziert, welche die jeweilige Kostenart beeinflussen. Die

Multiplikation des Kostensatzes pro Mengeneinheit mit dem Mengengerüst ergibt die absoluten Kosten der jeweiligen Kostenart.

2.5.2 Lagerhaltungskosten und Kostentreiber

Die Lagerhaltungskosten werden in die Kostenarten

- Infrastrukturkosten (Kosten für Gebäude und Lagerinfrastruktur),
- Personalkosten (Lohnkosten für direkt produktive und administrative Tätigkeiten im Lager) und
- Betriebskosten (Strom, Heizung, Wasser, etc.)

unterschieden (siehe Abb. 2.10).

Die Kostentreiber für die Infrastrukturkosten sind

- der Lieferservice,
- die Lagerhaltungspolitik,
- die Schwankung der Nachfrage,
- die Wiederbeschaffungszeit sowie
- externe Markteinflüsse.

Aus der Lagerhaltungspolitik, der Schwankung der Nachfrage und der Wiederbeschaffungszeit resultiert der Lagerplatzbedarf je Standort. Die Anzahl der Lagerstandorte eines Distributionsnetzwerks bestimmt sich über den Lieferservice. Die Infrastrukturkosten eines Standortes resultieren aus der Multiplikation des Lagerplatzbedarfs mit dem Kostensatz für den Lagerplatzbedarf, der von externen Markteinflüssen beeinflusst werden kann (Teuerung, Lage des Standorts, installierte Lagertechnik, etc.). Die totalen Infrastrukturkosten entsprechen der Summe der Infrastrukturkosten aller Standorte.

Der Lagerdurchsatz ist der zentrale Kostentreiber für die Personal- und die Betriebskosten eines Standortes, denn ein Lager oder ein Umschlagpunkt würde im Extremfall des vollkommenen Stillstandes nur noch Infrastrukturkosten produzieren.

Die Personalkosten werden

- vom Lieferservice,
- dem Lagerdurchsatz und
- den Markteinflüssen

getrieben.

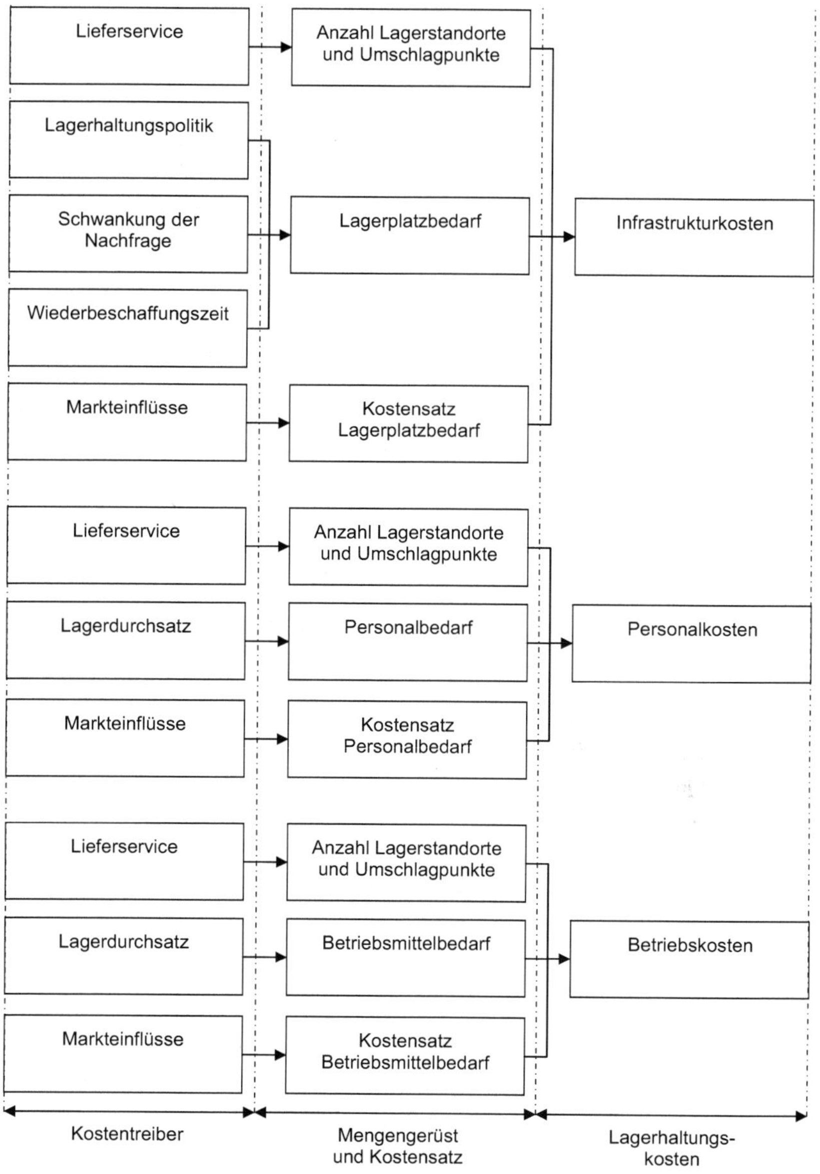

Abb. 2.10 Kostentreiber der Lagerhaltungskosten

Aus dem Lieferservice resultiert die Anzahl der Standorte. Die Personalkosten eines Standortes ergeben sich aus der Multiplikation des Personalbedarfs mit dem Kostensatz für den Personalbedarf, der wiederum marktabhängig sein kann (Beschäftigungslage, Lohnsteigerungen, Lage des Standorts, etc.). Die totalen Personalkosten in einem Distributionsnetzwerk entsprechen der Summe der Personalkosten aller Standorte.

Die Kostentreiber der Betriebskosten sind entsprechend den Personalkosten

- der Lieferservice,
- der Lagerdurchsatz und
- die Markteinflüsse.

Die Berechnung der totalen Betriebskosten eines globalen Distributionsnetzwerks erfolgt analog der Berechnung der Personalkosten. Lediglich der Kostensatz für den Betriebsmittelbedarf unterscheidet sich von dem der Personalkosten.

2.5.3 Transportkosten und Kostentreiber

Die Transportkosten ergeben sich allgemein über den Transportbedarf multipliziert mit dem Transporttarif, der für eine Einheit des Transportbedarfs zu bezahlen ist (siehe Abb. 2.11).

Die Treiber für den Transportbedarf sind

- das Transportgewicht,
- das Transportvolumen und
- die Transportdistanz.

Die Kostentreiber für den Transporttarif sind

- der Lieferservice,
- die Transportmittelauslastung und
- externe Markteinflüsse.

Der Lieferservice bestimmt das für den Transport zur Verfügung stehende Zeitfenster, das abhängig von der Transportdistanz mit Standardtransportarten (z. B. Seetransport, LKW-Transport, Standardpaket) oder nur unter Verwendung von Sondertransportarten eingehalten werden kann (z. B. Luftfracht, Expresspaket, Kuriertransport).

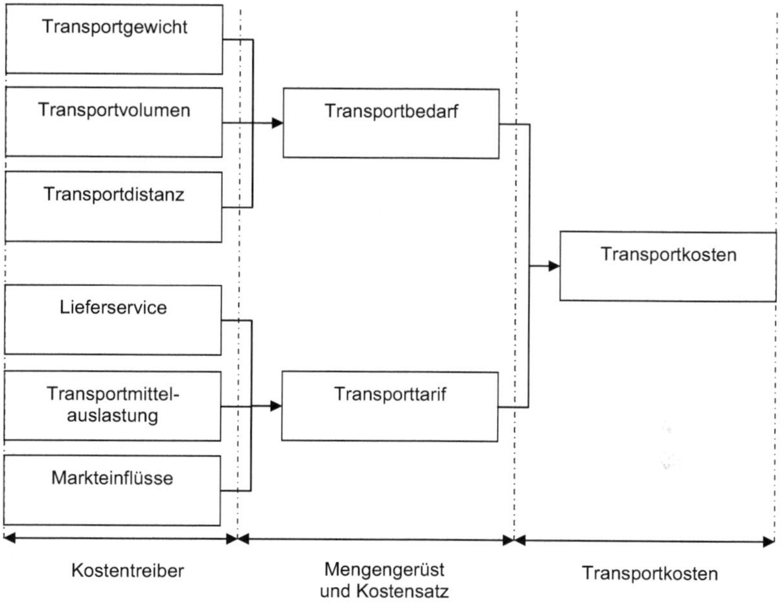

Abb. 2.11 Kostentreiber der Transportkosten

Die Tarifabhängigkeit von der Transportmittelauslastung ist bei Luftfracht- und Paketsendungen eher schwach, bei LKW- und Containersendungen – abhängig vom Tarifmodell – stark, da in der Praxis häufig ein Pauschalpreis pro Ladungsträger (z. B. pro LKW, pro Container, etc.) verlangt wird.

Die Transporttarife sind außerdem von externen Markteinflüssen abhängig, da sich tarifbeeinflussende Faktorkosten verändern (z. B. Rohölpreise, Personalkosten, Mautgebühren, etc.) bzw. die Nachfrage auf bestimmten Transportrouten höher ist als das Angebot.

Tendenziell nehmen die Transportkosten von den Beschaffungs- bis zu den Absatzmärkten zu, da die Auslastung der Transportmittel abnimmt bzw. eine andere Transportart gewählt werden muss (siehe Abb. 2.12). In der Vorholung liegen von den Produktionswerken und Lieferanten an die Zentrallager bzw. Umschlagpunkte häufig Komplettladungen vor (z. B. volle LKW, volle Container), wohingegen von den Zentrallagern bzw. Umschlagpunkten an die Auslieferungslager der Anteil an Teilladungen zunimmt (z. B. aufgrund der Belieferung von Auslieferungslagern in kleinen Absatzmärkten, bei denen die Belieferungsfrequenz nicht weiter verringert werden kann). In der Feinverteilung (von den Auslieferungslagern an die Kunden) kommt verstärkt der Einsatz von Paketsendungen zum Einsatz, da Kunden tendenziell häufiger bestellen, als eigene Bestände zu bevorraten.

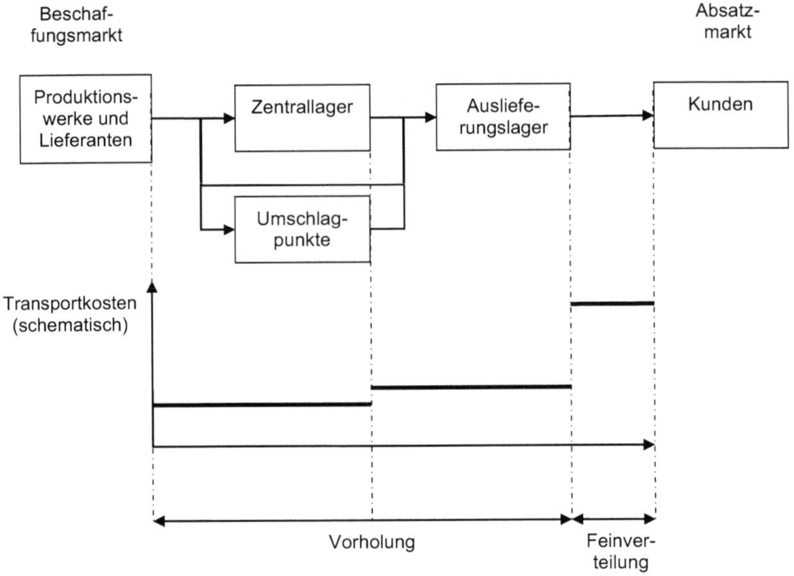

Abb. 2.12 Transportkosten in Abhängigkeit von der Transportstufe

Eine anschauliche Darstellung des produktspezifischen monetären Transportbedarfs ist die sogenannte Wertdichte, bei der der Verkaufspreis eines Produktes durch den produktspezifischen Transportbedarf dividiert wird. Wenn die Transportkosten vor allem vom Gewicht abhängig sind, kann die Wertdichte als Verkaufspreis pro Gewichtseinheit ausgedrückt werden. Durch einfache Multiplikation der Wertdichte des zu untersuchenden Produkts mit dem Transporttarif pro Gewichtseinheit der betrachteten Transportrelation, lässt sich auf diese Weise überschlagsmäßig der Transportkostenanteil am Verkaufspreis ermitteln und damit die betriebswirtschaftliche Rentabilität von Lieferantenverlagerungen aus logistischer Sicht grob abschätzen. Zum Beispiel würde der Transportkostenanteil von einem Produkt mit der Wertdichte 10 Geldeinheiten/

kg, das auf einer bestimmten Route zu einem Transporttarif von 1 Geldeinheit/kg transportiert wird, 10% betragen, was im Branchenvergleich als zu hoch einzustufen wäre (vergleiche Abb. 2.18) und ein Überdenken der Beschaffungsstrategie erforderlich machen würde.

2.5.4 Kapitalkosten und Kostentreiber

Die Kapitalkosten lassen sich grundsätzlich aus den totalen Lagerbeständen (Sicherheitsbestand und verfügbarer Bestand) und den Transitbeständen (wozu auch die Bestände in den Umschlagpunkten gezählt werden) multipliziert mit dem jeweils zu betrachtenden Wertansatz berechnen (siehe Abb. 2.13).

Die Kostentreiber der Kapitalkosten im Lager sind

- der Lieferservice,
- die Lagerhaltungspolitik,
- die Schwankung der Nachfrage,
- die Wiederbeschaffungszeit und
- die Lagerstufe.

Aus dem Lieferservice resultiert die Anzahl der Lagerstandorte. Der Bestand (verfügbarer Bestand und Sicherheitsbestand) eines Lagerstandortes resultiert aus der Lagerhaltungspolitik, der Schwankung der Nachfrage und der Wiederbeschaffungszeit, wobei die jeweiligen Werte meistens artikelspezifisch festgelegt werden.

Aus der Lage des Standorts in der vertikalen und ggf. der horizontalen Distributionsstruktur resultiert der Wertansatz, der pro Artikel zur Berechnung der Kapitalkosten hinzuzuziehen ist (vergleiche Abb. 2.5). Aus der Multiplikation des Lagerbestands eines Artikels mit seinem spezifischen Wertansatz und der Summe der Kapitalkosten über alle Artikel eines Lagerstandortes lassen sich die Kapitalkosten pro Standort ermitteln. Die totalen Kapitalkosten resultieren aus der Summe der Lagerbestände aller Lagerstandorte ohne Umschlagpunkte.

Der Transitbestand wird von

- dem Lieferservice,
- der Wiederbestellmenge,
- der Transportdistanz und

- der Transportstufe

getrieben.

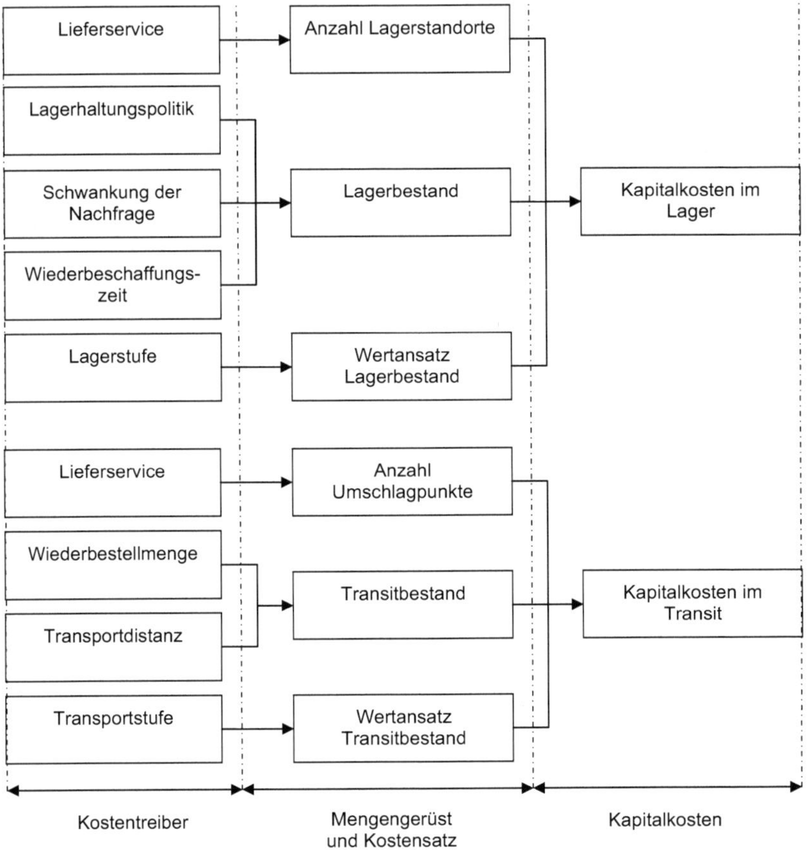

Abb. 2.13 Kostentreiber der Kapitalkosten

Aus dem Lieferservice resultiert die Anzahl der Umschlagpunkte. Der Bestand eines Umschlagpunktes kann über den Mittelwert des umgeschlagenen Massenstroms und die durchschnittliche Zeitdauer für den Umschlagvorgang hinreichend genau bestimmt werden.

Aus der Wiederbestellmenge und der Transportdistanz lässt sich pro Artikel berechnen, welcher Bestand sich über welchen Zeitraum im Transit befindet.

Der Wertansatz lässt sich aus der Transportstufe bestimmen und ergibt aus der Multiplikation mit dem Transitbestand die Kapitalkosten eines Artikels. Die Summe über alle Artikel auf allen zu betrachteten Transportrouten des Distributionsnetzwerkes entspricht den totalen Kapitalkosten im Transit.

Die Transitbestände in der Vorholung zählen für eigengefertigte Waren in den meisten Fällen zu den Kapitalkosten des Distributionsnetzwerkes, für fremdbezogene Waren gehören sie häufig zu den Verbindlichkeiten aus Lieferungen und Leistungen und werden nicht den Kapitalkosten im Transit zugeordnet. Für die Optimierung von globalen Netzwerken ist die Berücksichtigung der Kapitalkosten im Transit sowohl für eigengefertigte als auch fremdbezogene Waren empfehlenswert, da hierdurch der Einfluss der Beschaffungsmärkte auf die Netzwerkstruktur vollumfänglich abgebildet werden kann.

Die Kapitalkosten für Waren im Transit, die sich in der Feinverteilung zum Kunden befinden, werden nicht den Kapitalkosten des Distributionsnetzwerkes zugeschlagen, da zu diesem Zeitpunkt die Ware bereits an die Kunden fakturiert wurde und deshalb nicht mehr zum Umlaufvermögen, sondern zu den offenen Forderungen aus Lieferungen und Leistungen zu zählen ist.

2.5.5 Gesamtbetrachtung Distributionskosten und Kostentreiber

Die Distributionskosten sind die Summe der Lagerhaltungs-, Transport- und Kapitalkosten aller Knoten und Kanten eines Distributionsnetzwerkes. Damit verändern sie sich entsprechend den Hebeln der auf die Lagerhaltungs-, Transport- und Kapitalkosten wirkenden Kostentreiber (vergleiche Kapitel 2.5).

Die Leistungs- und Kostentreiber werden von den netzwerkstrukturbestimmenden Anforderungen beeinflusst, die dem Geschäftsmodell und der Strategie der Unternehmung entspringen (Marketing- und Vertriebsanforderungen sowie Anforderungen der Produktentwicklung und der Beschaffung) (siehe Abb. 2.14).

Da der Lieferservice, wie in Kapitel 2.4 gezeigt wurde, maßgeblich die vertikale und horizontale Struktur globaler Distributionsnetzwerke beeinflusst, wird im Folgenden die Abhängigkeit der Distributionskosten von der Anzahl der Lagerstandorte eingehender untersucht.

Abb. 2.14 Zusammenfassung der netzwerkstrukturbestimmenden Anforderungen, Kostentreiber und Distributionskosten in globalen Distributionsnetzwerken

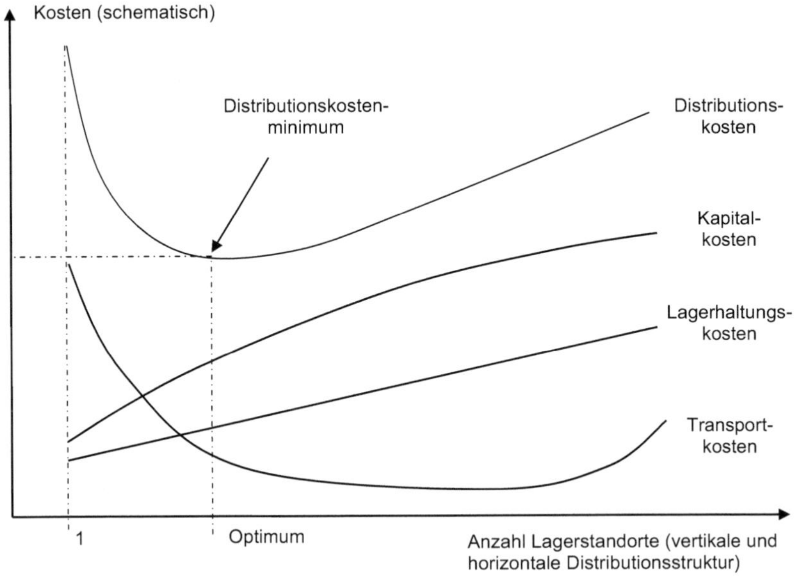

Abb. 2.15 Distributionskosten in Abhängigkeit von der Distributionsstruktur nach Müller [MÜLLER 1987, S. 8]

Für ein bestimmtes Geschäftsmodell und eine bestimmte Unternehmensstrategie können die Lagerhaltungs-, Transport- und Kapitalkosten und damit die gesamten Distributionskosten als Funktion der Anzahl der Lagerstandorte abgetragen werden (siehe Abb. 2.15). Die Summenkurve der Distributionskosten weist für die optimale Anzahl an Lagerstandorten ein Minimum auf, wobei die einzelnen Kostenkurven und deshalb die Lage des Minimums stark vom Geschäftsmodell und der Strategie des Unternehmens abhängig sind.

Zum Beispiel könnte ein Unternehmen den Lieferservice nach Kundengruppen, Produkten oder Märkten differenzieren, um eine theoretisch zu geringe Anzahl an Lagerstandorten über das differenzierte Serviceangebot zu substituieren und dadurch insgesamt niedrigere Distributionskosten zu erreichen (siehe Abb. 2.16).

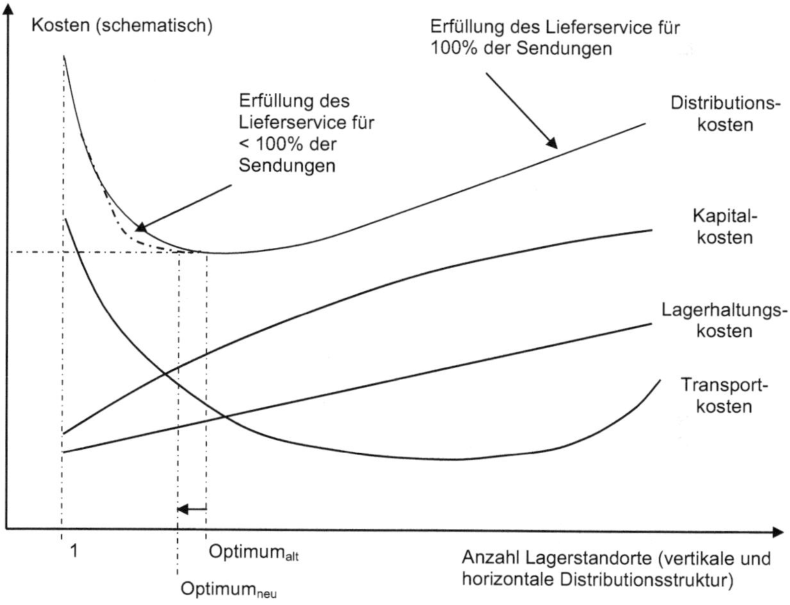

Abb. 2.16 Differenzierung des Lieferservice und Einfluss auf Distributionsstruktur und Distributionskosten

Zwar sind solche Optimierungsansätze in der Praxis anwendbar, um die Hebelwirkung des Kostentreibers Lieferservice auf die Distributionskosten zu reduzieren, sie ändern aber nicht die grundsätzliche Tatsache, dass die Distributionskosten mit steigendem Lieferservice überproportional ansteigen (siehe Abb. 2.17).

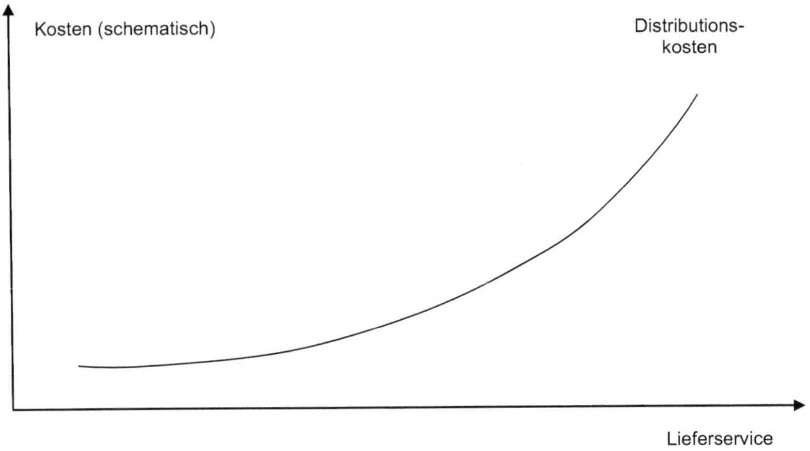

Abb. 2.17 Distributionskosten in Abhängigkeit vom Lieferservice nach PFOHL [PFOHL 1996, S. 42]

Der dargestellte Kurvenverlauf ist stark vom Geschäftsmodell des Unternehmens abhängig, verdeutlicht jedoch den Zielkonflikt der bei der Optimierung von globalen Distributionsnetzwerken nach BECKER auftritt: Aus Kunden- und Vertriebsicht wird ein hoher Lieferservice angestrebt, die Verlagerung von Produktionswerken und Lieferanten in Länder mit niedrigen Faktorkosten zur Einstandspreisreduzierung führt zu längeren Distanzen zu den Absatzmärkten und bei der Neuproduktentwicklung ist die Integration logistischer Anforderungen besonders schwierig, weshalb diese nur in Ausnahmefällen berücksichtigt werden [BECKER 1993, S. 23]. Demgegenüber stehen hohe Distributionskosten, die den Unternehmensgewinn schmälern.

2.6 Einfluss auf den Unternehmenserfolg

Globale Distributionsnetzwerke beeinflussen über die Distributionskosten die Ergebnissituation und den Cash Flow eines Unternehmens und haben eine direkte Auswirkung auf den (Liefer-) Service zum Kunden.

Die quantitative Auswirkung der Distributionslogistik auf das finanzielle Ergebnis lässt sich mit folgendem Rechenbeispiel veranschaulichen: In vielen Branchen werden etwa 10% des Umsatzes für die Distributionskosten aufgewandt (siehe Abb. 2.18), was bedeutet dass eine 10%ige Reduktion der Distributionskosten eine Erhöhung des Umsatzprofits um einen Prozentpunkt ermöglichen würde.

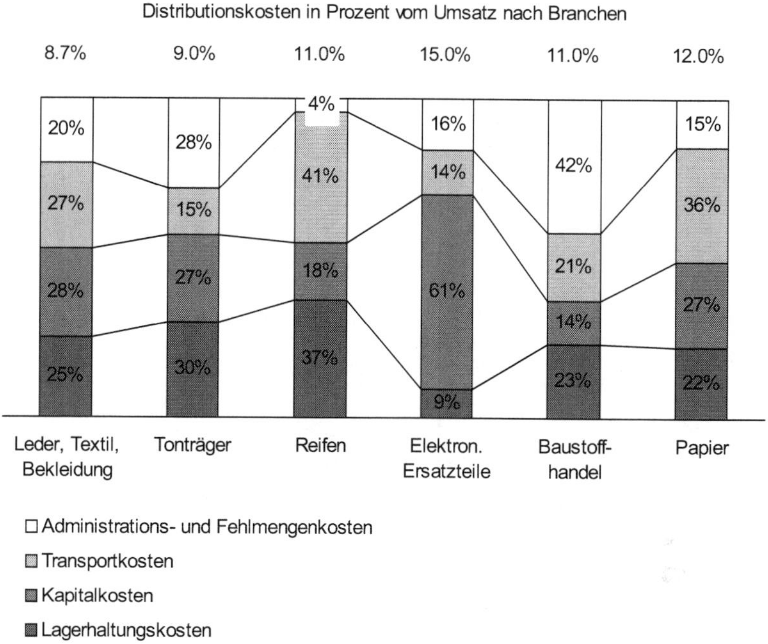

Abb. 2.18 Distributionskostenanteil am Umsatz und Kostenverteilung nach Branchen [HOPPE 2002, S. 17]

Geht man von einer typischen Umsatzrendite im Handel von 5% aus, so ließe sich über die oben angesprochene Kostenreduktion von 10% eine 20%ige Gewinnsteigerung erzielen. Auf Basis dieser einfachen Überlegung wird deutlich, welches Potential die Optimierung von Distributionsnetzwerken in sich birgt.

Für den Lieferservice ist es schwieriger ein quantitatives Kosten-Nutzen-Verhältnis abzuschätzen, da zumeist ein Wirkungsverbund mit anderen marketingpolitischen Instrumenten vorliegt [VASTAG 1998a, S. 33]. PFOHL hat eine empirisch belegte These aufgestellt, mit der sich ein funktionaler Zusammenhang zwischen dem Umsatz und dem Lieferservice herstellen lässt [PFOHL 1996, S. 41].

Der Einfluss des Lieferservice auf den Umsatz kann in drei Abschnitte unterteilt werden (siehe Abb. 2.19):

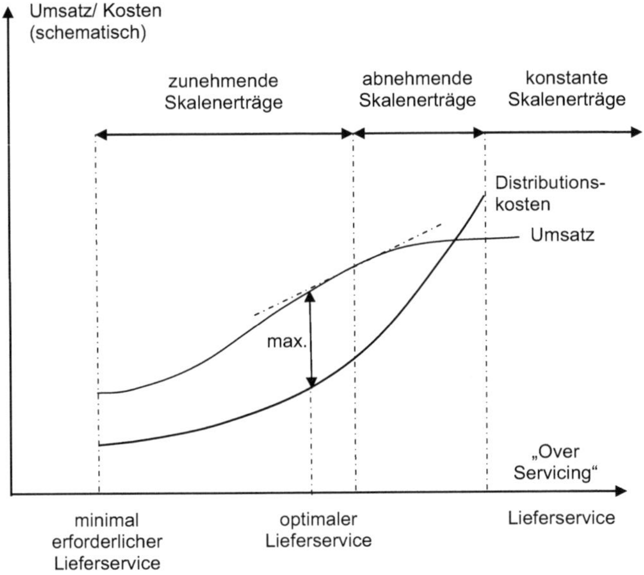

Abb. 2.19 Auswirkung des Lieferservice auf Umsatzerlös und Distributionskosten nach PFOHL [PFOHL 1996, S. 42]

- Im ersten Abschnitt steigt der Umsatz für jede Zunahme des Lieferservice überproportional an (zunehmende Skalenerträge), wohingegen
- im zweiten Abschnitt jede weitere Zunahme des Lieferservice einen unterproportionalen Anstieg des Umsatzes bewirkt (abnehmende Skalenerträge).
- Im dritten Abschnitt sind die Skalenerträge null, so dass für jede weitere Erhöhung des Lieferservice der Umsatz konstant bleibt („Over Servicing“).

Demgegenüber steigen die Distributionskosten mit einem höheren Lieferservice überproportional an (vergleiche Abb. 2.17), so dass ein Kosten-Nutzen optimaler Lieferservice berechnet werden könnte, bei dem die Umsatz- und die Distributionskostenkurve den größten Abstand zueinander haben. Dies wäre der theoretisch optimale Betriebspunkt eines Unternehmens für ein bestimmtes Geschäftsmodell. Da die Kurvenverläufe nur qualitativ und nicht quantitativ vorliegen, bleibt dies lediglich ein theoretischer Ansatz.

Zusammenfassend erscheint es lohnend sich mit der Optimierung globaler Distributionsnetzwerke eingehender zu befassen, da die Struktur von Distributionsnetzwerken die Kundenzufriedenheit und den Umsatz sowie die Gewinnsituation einer Unternehmung nachhaltig beeinflusst.

3 Stand der Wissenschaft zur Optimierung von Distributionsnetzwerken

3.1 Einordnung in die allgemeine Standortbestimmungslehre

THÜNEN beschäftigte sich bereits 1826 mit der Anordnung der landwirtschaftlichen Produktionszweige in einem isolierten Staat mit einem Absatzort unter Berücksichtigung des Bodenwertes, der Entfernung vom Absatzort und der Produktionskosten [THÜNEN 1826, S. 5 ff.]. Mit dem Nachweis, „dass die Art der landwirtschaftlichen Bodennutzung nicht nur durch die natürlichen, unabänderlichen Bodenbeschaffenheiten bestimmt ist, sondern wesentlich von einem ökonomischen Tatbestand abhängt, nämlich von der Entfernung des Produktionsortes vom Konsumort“ [BEHRENS 1961, S. 3], kann THÜNEN als Wegbereiter der Standortbestimmungslehre bezeichnet werden.

Heute wird die wissenschaftliche Forschung zur Standortbestimmungslehre nach DOMSCHKE in die drei Gruppen volkswirtschaftliche, innerbetriebliche und betriebliche Standortplanung eingeteilt, wobei sich die Untersuchungen zumeist auf Modelle mit mehr oder weniger stark von der Realität abstrahierten Annahmen beschränken [DOMSCHKE 1996a, S. 1 ff.]:

- Die räumliche Ansiedlung von Unternehmen und Betrieben innerhalb von Wirtschaftsgebieten ist Untersuchungs- und Optimierungsgegenstand der volkswirtschaftlichen Standorttheorie, die gemäß BÖKEMANN synonym mit dem Begriff Raumwirtschaftstheorie bezeichnet wird [BÖKEMANN 1982, S. 33 ff.].
- Unter der innerbetrieblichen Standortplanung, oder synonym Layout- bzw. Anordnungsplanung, wird die Planung der räumlichen Anordnung von Betriebsmitteln in den Grenzen des Betriebsgrundstückes verstanden, wobei HUNDHAUSEN erstmals 1926 den Begriff des innerbetrieblichen Standortes formulierte [HUNDHAUSEN 1926, S. 1 ff.].
- Die betriebliche Standortplanung behandelt Fragen zur Standortwahl für einzelne Betriebe, was auch die Standortwahl für die Zentral- und Auslieferungslager eines Unternehmens beinhaltet. LAUNHARDT beschäftigte

sich bereits 1882 mit dem modelltheoretischen Fall der Standortbestimmung im Dreieck, indem er den transportkostenminimalen Standort zwischen zwei Rohstoffvorkommen und einem Absatzort untersuchte [LAUNHARDT 1882, S. 105 ff.], der von WEBER in dem klassischen Werk „Über den Standort der Industrien“ verallgemeinert wurde [WEBER 1998, S. 16].

Gemäß dieser Einteilung kann der Untersuchungsgegenstand dieser Arbeit – die Optimierung von globalen Distributionsnetzwerken – der Gruppe der betrieblichen Standortplanung zugeordnet werden.

3.2 Grundproblematik der betrieblichen Standortplanung

Die Grundproblematik der betrieblichen Standortplanung lässt sich in die vier Teilproblematiken

- Anzahlproblem,
- Standortproblem,
- Zuordnungsproblem und
- Stufenproblem

unterteilen, wobei die Art und Anzahl der Variablen von den netzwerkstrukturbestimmenden Anforderungen determiniert werden, die dem Geschäftsmodell und der Strategie einer Unternehmung entspringen (Marketing-, Vertriebs-, Beschaffungs- und Produktanforderungen) (siehe Abb. 3.1 und vergleiche Kapitel 2.5.5).

Das Stufenproblem beinhaltet die Frage nach der vertikalen Struktur eines Distributionsnetzwerkes (Über wie viele Distributionsstufen soll die Belieferung der Kunden erfolgen?), wohingegen sich das Anzahlproblem mit der Anzahl der Lagerstandorte (horizontale Distributionsstruktur) pro Lagerstufe auseinandersetzt (Wie viele Standorte werden benötigt?). Im Standortproblem geht es um die konkrete geographische Lage der Standorte (Wo liegen die optimalen Standorte im Distributionssystem?) und im Zuordnungsproblem wird die Fraugestellung untersucht, welche Produktionswerke, Lieferanten und Kunden dem Einzugsgebiet der unterschiedlichen Lagerstandorte zuzuordnen sind (Zum Beispiel von welchem Standort sollen welche Kunden beliefert werden?).

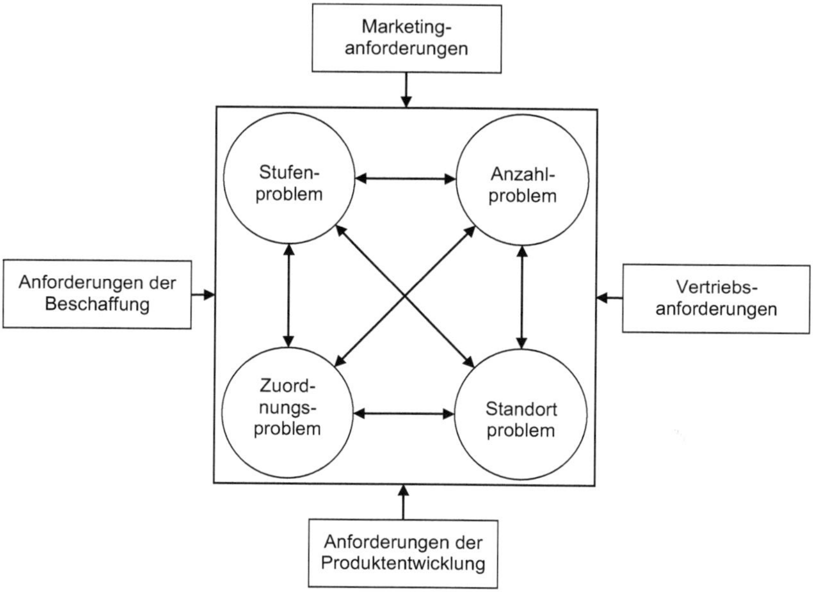

Abb. 3.1 Wechselwirkung der Probleme in der Distributionslogistik nach KRAMPE [KRAMPE 1993, S. 270]

Das Problem der betrieblichen Standortplanung kann nach den Strukturmerkmalen

- Art und Anzahl der Variablen und Daten,
- Wirkungszusammenhänge,
- Bewertung der Handlungsergebnisse,
- Zielfunktion und
- Lösungsverfahren

bewertet und den Klassen

- scharf definiertes,
- wohldefiniertes,
- wohlstrukturiertes oder
- schlecht strukturiertes

Problem zugeordnet werden (siehe Abb. 3.2).

Abhängig von der Problemklasse weist ein Planungsproblem einen oder mehrere der folgenden Defekte auf:

- Abgrenzungsdefekt,
- Wirkungsdefekt,
- Bewertungsdefekt,
- Zielsetzungsdefekt und
- Lösungsdefekt.

<table>
<tr><th>Strukturmerkmale des Problems</th><th colspan="4">Bewertung und Klassifizierung</th><th colspan="2">Defekt</th></tr>
<tr><td>Art und Anzahl der Variablen und Daten</td><td>Bekannt</td><td rowspan="2">Scharf definiert</td><td rowspan="4">Wohldefiniert</td><td rowspan="5">Wohlstrukturiert</td><td>(z. T.) nicht bekannt: Abgrenzungsdefekt</td><td rowspan="5">Schlecht strukturiert</td></tr>
<tr><td>Wirkungszusammenhänge</td><td>Bekannt</td><td>(z. T.) nicht bekannt: Wirkungsdefekt</td></tr>
<tr><td>Bewertung der Handlungsergebnisse</td><td colspan="2">Durchführbar</td><td>Nicht durchführbar: Bewertungsdefekt</td></tr>
<tr><td>Zielfunktion</td><td colspan="2">Operational</td><td>Nicht operational: Zielsetzungsdefekt</td></tr>
<tr><td>Lösungsverfahren</td><td colspan="3">Effizient</td><td>Nicht effizient: Lösungsdefekt</td></tr>
</table>

Abb. 3.2 Strukturmerkmale von Planungsproblemen nach DELFMANN [DELFMANN 2006, S. 10]

Aus der Problemstruktur des Planungsproblems lässt sich die erfolgversprechendste Methodologie zur Lösung der Problemstellung auswählen (siehe Abb. 3.3):

	Methodologie		
Eigenschaften	Simulation	Optimalplanung	Heuristische Optimierung
Anforderungen an die formale Problemstruktur	Zumindest scharf definiert	Wohlstrukturiert	Zumindest wohldefiniert
Vorgehensweise im Alternativenraum	Ausschließliche Betrachtung vorgegebener Alternativen	Explizite oder implizite Betrachtung aller Alternativen	Unvollständige Betrachtung durch Ausschluss potentieller Alternativen
Analyseergebnis	Liefert Beobachtungswerte des Modellverhaltens	Garantiertes Auffinden lokaler oder globaler Optima	Kein garantiertes Auffinden von Optima, aber wahrscheinliches Auffinden guter Alternativen

Abb. 3.3 Methodologien zur Analyse quantitativer Modelle nach BERENS [BERENS 2002, S. 104]

- Für scharf definierte Planungsprobleme eignet sich die Simulation,
- wohlstrukturierte Probleme lassen sich mit der Optimalplanung lösen,
- wohldefinierte Planungsprobleme werden am besten mit der heuristischen Optimierung gelöst und
- für schlecht strukturierte Probleme muss eine neue Lösungsmethode bzw. Methodenkombination entwickelt werden.

Die drei unterschiedlichen Methodologien Simulation, Optimalplanung und heuristische Optimierung werden im Kapitel 3.3 näher beschrieben, wobei in diesem Kontext unter einer Methodologie nach KAMITZ eine Sammlung von Methoden (bzw. ein Methodenbündel) verstanden wird [KAMITZ 1980, S. 429 ff.].

3.3 Existierende Methoden und Lösungsverfahren

Die strukturierte Bearbeitung eines Problems erfordert eine ausreichende Planungsgrundlage sowie an die Problematik angepasste Lösungsmethoden und Lösungsverfahren, damit die Eigenschaften der Lösung den Erwartungen entsprechen.

Abb. 3.4 stellt eine Übersicht über die Eigenschaften von betrieblichen Standortproblemen, die existierenden Lösungsmethoden und -verfahren sowie die Eigenschaften der Lösungen dar, die im Folgenden beschrieben werden.

Die Probleme der betrieblichen Standortplanung weisen unterschiedliche Eigenschaften auf, die sich nach

- der Anzahl der Standorte (einer oder mehrere),
- der Anzahl der Distributionsstufen (einstufig oder mehrstufig),
- der Anzahl der eingesetzten Verkehrsträger (einer oder mehrere)
- der Kombination von Verkehrsträgern (singuläre oder intermodale Transporte),
- dem Wegenetz (vorgegeben oder frei wählbar z. B. aus einem realen, digitalisierten Wegenetz),
- dem untersuchten Distributionsgebiet (national oder global mit oder ohne grenzüberschreitenden Verkehren),
- den Kapazitätsbedingungen (unkapazitiert oder kapazitiert),
- der Anzahl der Zielfunktionen (eine oder mehrere) und

- der Eigenschaft der Kostenfunktionen (einheitlich oder differenziert)

charakterisieren lassen.

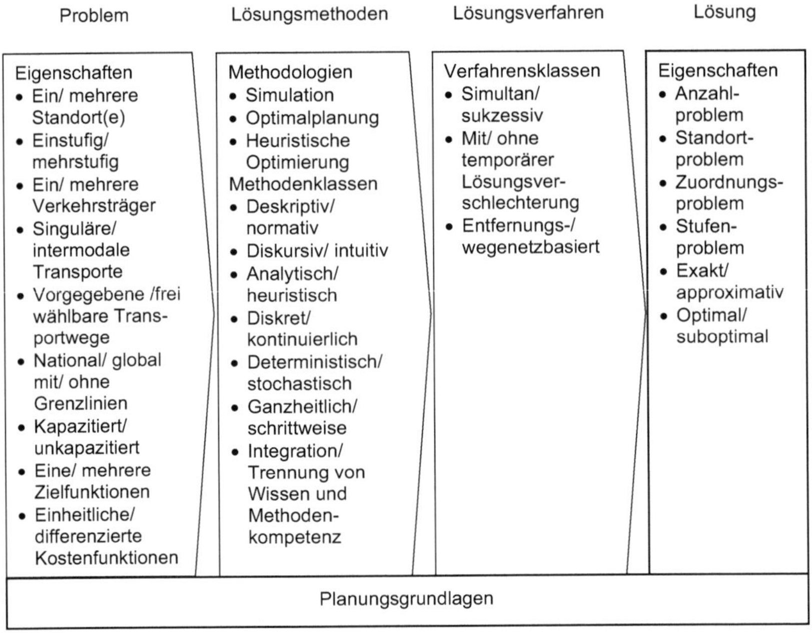

Abb. 3.4 Übersicht Methoden und Lösungsverfahren zur Optimierung betrieblicher Standortprobleme

Die Vorgehensweise zur Problemlösung kann in die Methodologien Simulation, Optimalplanung und die heuristische Optimierung unterteilt werden. Jedes Methodenbündel enthält verschiedene Methoden, wobei unter einer Methode eine planmäßig angewandte, begründete Vorgehensweise zur Erreichung von festgelegten Zielen verstanden wird [BROCKHAUS 2001, S. 566].

Die Methoden lassen sich nach den folgenden Eigenschaften klassifizieren:

- Deskriptiv (Beschreibung eines gegenwärtigen Systems) oder normativ (Beschreibung des Soll-Zustandes eines Systems),
- diskursiv (Lösung über Frage und Antwort) oder intuitiv (Lösung über spontane Eingebung),

- analytisch (wiederholbarer, logischer Prozess mit genauer Lösung) oder heuristisch (Entdeckung der Lösung komplexer Probleme mit zumeist approximativer Lösung),
- diskret (in der Anzahl begrenzt) oder kontinuierlich (in der Anzahl unbegrenzt),
- deterministisch (exakt berechenbar) oder stochastisch (mit bestimmter Wahrscheinlichkeit eintretend),
- ganzheitlich oder schrittweise,
- Integration oder Trennung von Wissen- und Methodenkompetenz.

Ein Verfahren ist als geregelter, in Verfahrensschritte zerlegbarer, für Beobachter transparenter und wiederholbarer (Prozess-) Ablauf definiert [DUDEN 2007, S. 387]. Die Lösungsverfahren zur betrieblichen Standortplanung sind die Werkzeuge, die in den unterschiedlichen Methoden zur Anwendung kommen. Die zur Problemlösung angewandten Verfahren können in Verfahrensklassen eingeteilt werden, z. B. in simultane oder sukzessive Verfahren, die mit oder ohne temporärer Lösungsverschlechterung bzw. entfernungs- oder wegenetzbasiert arbeiten können.

Da nicht mit jeder Methode und jedem Verfahren jedes betriebliche Standortproblem gelöst werden kann, weisen auch die Lösungen bestimmte Eigenschaften auf. Es kann z. B. danach differenziert werden welche Grundproblematiken (Anzahl-, Standort-, Zuordnungs- und Stufenproblem) lösbar sind, bzw. ob es sich um eine exakte oder approximative Lösung handelt und das Ergebnis ein Optimum oder ein Suboptimum darstellt.

Unter den Planungsgrundlagen werden nach VAN BONN die Informationen und Daten, die als Input für die Netzwerkoptimierung erforderlich sind (Planungsdaten, aufgabenspezifische, modellspezifische, geographische, demographische, strategische und statistische Daten) verstanden sowie die definierten Zielgrößen, die es in der betrieblichen Standortplanung zu erreichen gilt [VAN BONN 2001b, S. 31 ff.].

An dieser Stelle soll kurz auf den Unterschied zwischen Optimierung und Simulation eingegangen werden, da die Begriffe in der Praxis manchmal synonym verwendet werden:

In der Wissenschaft und Technik ist der Begriff Simulation wie folgt definiert: „Simulation ist das Nachbilden eines Systems mit seinen dynamischen Prozessen in einem experimentierbaren Modell, um zu Erkenntnissen zu gelangen, die auf die Wirklichkeit übertragbar sind. Insbesondere werden Prozesse über die Zeit simuliert." [VDI 1996, Richtlinie 3633]. Unter einer Optimierung wird dagegen „ein (mathematisches) Verfahren verstanden, das die optimale Festlegung von Größen, Eigenschaften und zeitlichen Abläufen eines Systems untersucht. Es umfasst insbesondere die Suche des kleinsten (Minimierung) oder größten (Maximierung) Wertes einer mathematischen Funktion mehrerer Veränderlicher (Ziel-, Objektfunktion) in einem bestimmten, durch Nebenbedingungen festgelegten und in Form von Gleichungen oder Ungleichungen beschriebenen (zulässigen) Bereich" [BROCKHAUS 2001, S. 259].

Zusammenfassend wird in einer Simulation das zumeist dynamische Systemverhalten vorgegebener Alternativen eines Alternativenraums untersucht, wohingegen in einer Optimierung unter bestimmten Nebenbedingungen explizit oder implizit neue Alternativen in einer zumeist statischen Betrachtung gesucht werden, um den optimalen Wert der Zielfunktion zu erhalten (vergleiche Abb. 3.3).

In den folgenden Kapiteln werden die verschiedenen Methoden und Lösungsverfahren zur betrieblichen Standortplanung entsprechend der in Abb. 3.5 dargestellten Struktur eingehender untersucht.

3.3.1 Methoden und Lösungsverfahren der Simulation

Die Simulation ist eine Vorgehensweise, deren Alternativenraum ausschließlich vorgegebene Möglichkeiten beinhaltet und deren Analyseergebnis Beobachtungswerte eines Modellverhaltens liefert (vergleiche Abb. 3.3).

Gemäß Kapitel 1.1 ist das Ziel dieser Arbeit eine Methode bzw. Methodenkombination zu entwickeln, mit der neue Netzwerkstrukturen für globale Distributionsnetzwerke gefunden und nicht nur das Verhalten bestehender Strukturen auf äußere Veränderungen untersuchen werden kann. Die Eigenschaften der mit den Mitteln der Simulation zu findenden Lösungen entsprechen nicht den Anforderungen, die an die Optimierung globaler Distributionsnetzwerke gestellt werden, weshalb auf eine weitere Untersuchung der Methoden und Lösungsverfahren der Simulation verzichtet wird.

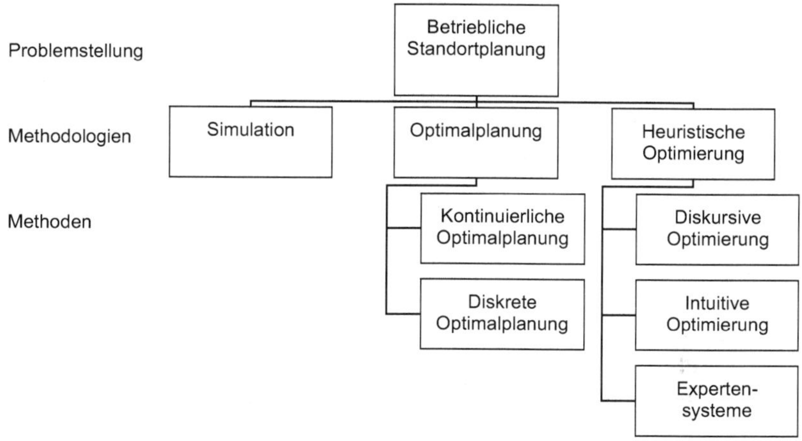

Abb. 3.5 Übersicht Methoden zur betrieblichen Standortplanung

3.3.2 Methoden und Lösungsverfahren der Optimalplanung

Bei den Methoden der Optimalplanung handelt es sich um normative (präskriptive) und analytische Vorgehensweisen, bei denen das Wissen und die Methodenkompetenz integral vorliegen. Nach DINKELBACH ist es Gegenstand dieser Methoden auf Basis intersubjektiv nachprüfbarer Kriterien (Modelle und Lösungsverfahren) in einer konkreten Planungssituation eine Standortentscheidung zu treffen [DINKELBACH 1982, S. 1 ff.].

Es wird grundsätzlich in kontinuierliche und diskrete Methoden unterschieden:

- Die kontinuierliche Optimalplanung betrachtet nach DANDL die Standorte von Produktionswerken, Lieferanten und Kunden sowie die Lagerstandorte als in alle Richtungen homogene Punkte in der Ebene, die beliebig verschoben werden können. Als Ergebnis der Optimierung liegt für jeden Standort ein Koordinatenpaar in der Ebene vor [DANDL 1984, S. 100 ff.].
- In der diskreten Optimalplanung werden dagegen nach DOMSCHKE aus einer endlichen Anzahl potentieller Standorte diejenigen ausgewählt, mit denen sich die Zielgrößen der Optimierung am besten erreichen lassen.

Das Ergebnis der Optimierung ist eine Teilmenge der Grundmenge an potentiellen Standorten [DOMSCHKE 1996b, S. 51 ff.].

3.3.2.1 Methoden und Lösungsverfahren der kontinuierlichen Optimalplanung

Die restriktivste Problemklasse sind die Standortbestimmungen im Dreieck, im Viereck usw., wie sie z. B. von LAUNHARDT und WEBER betrachtet wurden, welche der kontinuierlichen Optimalplanung angehören. Es handelt sich dabei um Spezialfälle von Standortproblemen in der Ebene, deren Problemklasse wie folgt charakterisiert werden kann:

- Bestimmung eines neuen Standortes,
- einstufig,
- unkapazitiert,
- eine Zielfunktion (z. B. Entfernung, Transportbedarf, Kosten),
- national ausgerichtet,
- einheitliche Kostenfunktion aber regional unterschiedliche Tarife,
- ein Verkehrsträger,
- vorgegebene Transportwege.

Zur Lösung dieser einfachen Standortprobleme in der Ebene wird gemäß BLOECH von N Kunden sowie M Produktionswerken und Lieferanten ausgegangen, die auf einer homogenen Fläche verteilt sind, wobei jeder Punkt der Ebene einen potentiellen Standort für einen oder mehrere Betriebe bzw. Lagerstandorte oder Umschlagpunkte darstellt. In den Lösungsverfahren werden transportkostenminimale Standorte ermittelt (evtl. auch Isokostenlinien um die Standorte) und die Annahme getroffen, dass sich die Transportkosten proportional zur zurückgelegten (entfernungsbasierten) Wegstrecke sowie den zu transportierenden Mengen verhalten [BLOECH 1970, S. 27 ff.].

Ein besonders anschauliches Lösungsverfahren dieser Problemklasse ist der Varignon'sche Apparat, der sich auf die Optimierung eines Standortes für N Kunden beschränkt und als Zielfunktion den Transportbedarf minimiert (siehe Abb. 3.6):

Die N Kunden werden maßstabsgerecht auf eine Platte projiziert, an jedem Projektionspunkt befindet sich ein Bohrloch, die n Fäden werden an einem

Punkt verknüpft, am anderen Ende durch jeweils ein Bohrloch geführt und mit einem ihrer Nachfrage entsprechenden Gewicht belastet. Im Kräftegleichgewicht markiert der Knoten den optimalen (Lager-) Standort.

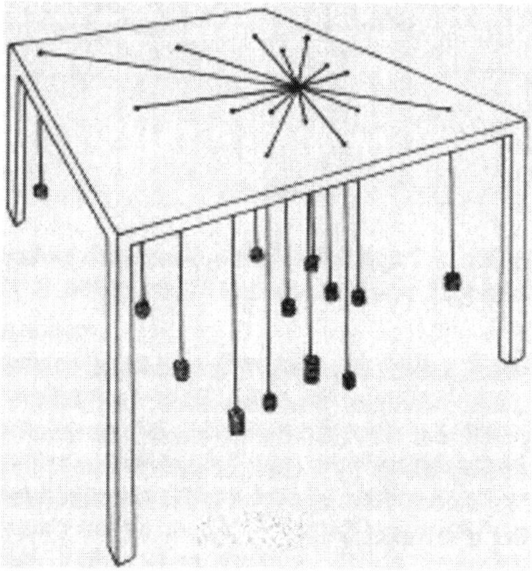

Abb. 3.6 Varignon'scher Apparat nach KUHN [KUHN 1973, S. 98 ff.]

Die Lösungen dieser einfachen Standortprobleme in der Ebene sind exakt und stellen jeweils ein Optimum dar, können aber nur das Anzahl- und Standortproblem lösen, nicht jedoch die Zuordnungs- und Stufenprobleme.

Eine Verallgemeinerung der oben beschriebenen Problemstellung ist die Abkehr von vorgegebenen Transportwegen, so dass neben der optimalen Anzahl und Lage der Standorte auch der Einzugsbereich jedes Standortes optimiert wird (Lösung des Zuordnungsproblems). Ein exaktes Lösungsverfahren für diese Problemklasse stammt von COOPER, es ist aber sehr aufwendig und bleibt deshalb auf kleinere Optimierungsprobleme beschränkt [COOPER 1972, S. 94 ff.].

Eine methodisch ähnliche Problemstellung ist die Bestimmung der optimalen Standorte von Umschlagpunkten. Diese Problemklassen können nach HAMACHER exakt mit Hilfe spezieller Lösungsverfahren gelöst werden [HAMACHER 1994, S. 340 ff.].

3.3.2.2 Methoden und Lösungsverfahren der diskreten Optimalplanung

Weniger restriktiv sind Modelle der Standortbestimmung in Netzen, die zur Klasse der diskreten Optimalplanung gehören und auch als Warehouse-Location-Probleme (WLPs) bekannt sind. Diese Problemklasse kann wie folgt beschrieben werden:

- Bestimmung mehrerer Standorte aus einer Menge potentieller Standorte,
- einstufig,
- kapazitiert,
- eine Zielfunktion
- national ausgerichtet,
- differenzierte Kostenfunktionen,
- ein Verkehrsträger,
- vorgegebene Transportwege (gerichtete Kanten des Netzwerkes).

In den Knoten eines gegebenen Netzes sind die potentiellen Lagerstandorte und die zu beliefernden Kunden angeordnet. Die Transportkosten auf den gerichteten Kanten verhalten sich proportional zur Entfernung und der zu transportierenden Menge. An den potentiellen Lagerstandorten des Netzes lassen sich Fixkosten für Investitionen, lineare variable Kosten und Kapazitätsrestriktionen berücksichtigen. Die Anzahl und Lage der Standorte wird als Teilmenge der potentiellen Standorte derart ermittelt, dass die Summe der Fixkosten, variablen Kosten und der Transportkosten minimiert wird. Abb. 3.7 zeigt exemplarisch die Struktur eines einstufigen WLPs mit M potentiellen Lagerstandorten und N Kunden.

Zur exakten Lösung dieser Problemklasse werden verschiedene Varianten von Branch & Bound Verfahren [ERLENKOTTER 1978, S. 992 ff.; AKINC 1977, S. 585] und für lineare Probleme der Simplexalgorithmus verwendet [RÖDDER 1999, S. 43 ff.]. Mit diesen exakten Verfahren lässt sich das Gesamtoptimum bestimmen, allerdings werden nur das Anzahl- und das Zuordnungsproblem gelöst.

Komplexere Problemstellungen der Standortbestimmung in Netzen (z. B. mehrstufige Netzwerke) werden mit heuristischen Verfahren gelöst, was Untersuchungsgegenstand des Kapitels 3.3.3 ist.

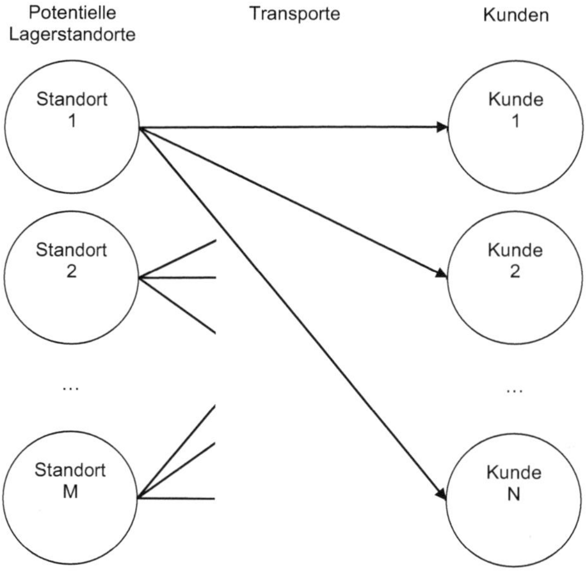

Abb. 3.7 Einstufiges Warehouse-Allocation-Problem mit mehreren Standorten nach VAHRENKAMP [VAHRENKAMP 2007, S. 169]

Zusammenfassend ermöglicht die Optimalplanung die exakte Lösung einfacher Standortprobleme und führt reproduzierbar zu einer optimalen Lösung, jedoch ist der Ansatz bei komplexen Strukturen – wie sie üblicherweise in globalen Distributionsnetzwerken zu finden sind – in der Praxis begrenzt, da aufgrund der langen Rechenzeit eine interaktive Nutzung der Optimierungsergebnisse kaum möglich ist.

3.3.3 Methoden und Lösungsverfahren der heuristischen Optimierung

Die heuristische Optimierung lässt sich in diskursive bzw. intuitive Methoden und in Expertensysteme unterteilen:

- Diskursive Methoden integrieren Wissen und Methodenkompetenz und basieren auf normativen, schrittweisen Vorgehensweisen.

- Intuitive Methoden sind durch eine deskriptive und ganzheitliche Vorgehensweise gekennzeichnet, wobei auch hier das Wissen und die Methodenkompetenz integrativ vorliegen.
- In Expertensystemen liegen die Wissensbasis und die Methodenkompetenz bzw. Problemlösungsstrategien nach PUPPE streng voneinander getrennt vor [PUPPE 1988, S. 2], die Methoden selbst sind deskriptiver oder normativer Natur und beinhalten diskursive, diskrete, schrittweise und heuristische Vorgehensweisen.

In den folgenden Kapiteln wird auf diese drei Methoden näher eingegangen.

3.3.3.1 Methoden und Lösungsverfahren der diskursiven heuristischen Optimierung

Die Methoden der diskursiven heuristischen Optimierung unterscheiden sich von der Optimalplanung vor allem dadurch, dass sie keine Garantie dafür bieten eine optimale Lösung des Problems zu finden, bzw. dass eine gefundene Lösung überhaupt als solche erkannt wird. Aus diesem Grund werden die mit heuristischen Methoden erzielbaren Lösungen als Suboptima bzw. suboptimale Lösungen bezeichnet.

Mit der Vorgehensweise der diskursiven heuristischen Optimierung werden in der betrieblichen Standortplanung die gleichen Problemklassen wie mit der kontinuierlichen und diskreten Optimalplanung bearbeitet, es ist jedoch möglich wesentlich komplexere Problemstellungen zu lösen, die wie folgt charakterisiert werden können:

- mehrere Standorte (neue bzw. aus einer Menge potentieller Standorte),
- mehrstufig,
- kapazitiert,
- mehrere Zielfunktionen,
- national,
- differenzierte Kostenfunktionen,
- mehrere Verkehrsträger,
- freie Transportwege.

Die Lösungsverfahren der diskursiven Optimierung können in deterministische und stochastische Verfahren eingeteilt werden:

- Deterministische Verfahren ermitteln bei mehrfacher Anwendung auf ein und dasselbe Problem und gleichen Startbedingungen immer dieselbe Lösung.
- Stochastische Verfahren enthalten dagegen zufällige Komponenten, die zu unterschiedlichen Lösungen führen können, wenn das Verfahren mehrmals auf dasselbe Problem bei gleichen Ausgangsbedingungen angewandt wird.

Weiterhin wird in

- Eröffnungsverfahren,
- Verbesserungsverfahren,
- Kombinationen aus Eröffnungs- und Verbesserungsverfahren und
- unvollständig ausgeführte exakte Verfahren, z. B. vorzeitig abgebrochene Branch & Bound Verfahren

unterschieden.

Eröffnungsverfahren dienen der Bestimmung einer (ersten) zulässigen Lösung des betrachteten Problems, wohingegen Verbesserungsverfahren ausgehend von einer zulässigen Lösung von Iteration zu Iteration im allgemeinen verbesserte, aber in der Regel suboptimale Lösungen liefern.

Beispiele für heuristische Lösungsverfahren sind lokale Suchverfahren (Local Search Heuristics), welche die Nachbarschaft einer vorliegenden Lösung vollständig in einer festen Reihenfolge oder stochastisch absuchen und dabei nach der größten oder der erstbesten Verbesserungsmöglichkeit die Suche fortsetzen. Zu den unvollständig ausgeführten exakten Verfahren zählen unvollständig ausgeführte Branch & Bound Verfahren, Dual Ascent- (für mehrstufige unkapazitierte WLPs) und Lagrange-Heuristiken (für kapazitierte mehrstufige WLPs).

Bei den heuristischen Metastrategien handelt es sich um allgemeine heuristische Vorgehensweisen, deren Prinzip sich zur Lösung verschiedenster betrieblicher Standortprobleme eignet. Im Gegensatz zu den klassischen heuristischen Verbesserungsverfahren lassen die Metastrategien auch temporäre Lösungsverschlechterungen zu, wodurch sie in der Lage sind, lokale Optima wieder zu verlassen [REEVES 1993, S. 1 ff.; PESCH 1994, S. 1 ff.; VOSS 1994, S. 1 ff.].

Im Folgenden werden einige Beispiele für heuristische Metastrategien erwähnt:

- Dem Simulated Annealing (Simulierte Abkühlung) liegt das Prinzip der physikalischen Abkühlungsvorgänge aus der Thermodynamik zugrunde.
- Tabu Search ist ein Verbesserungsverfahren mit dem sich lokale Optima überwinden lassen.
- Genetische Algorithmen arbeiten analog zur genetischen Vererbungslehre und versuchen Prinzipien der biologischen Evolution zur Optimierung mathematisch-technischer Systeme heranzuziehen.

Andere Verfahren lösen Standorteinzugsbereichsprobleme [LOVE 1975, S. 441 ff.; SHERALI 1977, S. 136 ff.; BACH 1978, S. 119; NAMBIAR 1981, S. 14 ff.; LIU 1994, S. 1304 ff.] oder Probleme mit mehreren Zielfunktionen, die als Minimax-Probleme bezeichnet werden [EZRA 1994, S. 101 ff.].

Insgesamt können mit der diskursiven heuristischen Optimierung approximative Lösungen auch sehr komplexer Standortprobleme durchgeführt werden, es handelt sich bei den gefundenen Lösungen wie bereits erwähnt um Suboptima. Prinzipiell lassen sich mit den Methoden und Lösungsverfahren der diskursiven heuristischen Optimierung alle Grundprobleme der betrieblichen Standortplanung lösen.

3.3.3.2 Methoden und Lösungsverfahren der intuitiven heuristischen Optimierung

Die Aufgabe der intuitiven heuristischen Optimierung ist es, aus einer Menge potentieller Standorte einen bzw. mehrere so auszuwählen, dass eine möglichst hohe Übereinstimmung zwischen den Standortanforderungen und den Standortbedingungen besteht, um das Ziel des wirtschaftlichen Erfolgs sicherzustellen. Als Standortanforderungen werden nach RUSCHENPÖHLER alle Ansprüche definiert, die ein Industriebetrieb an einen Standort stellt, um den Leistungsprozess durchführen zu können. Als Standortbedingungen bezeichnet er „alle Gegebenheiten eines Platzes, die von Industriebetrieben schlechthin im Zeitablauf bei der Erfüllung ihrer wirtschaftlichen Aufgaben genutzt werden können. Das Augenmerk richtet sich dabei auf die Gegebenheiten, die von Ort zu Ort unterschiedlich sind“ [RUSCHENPÖHLER 1958, S. 64 ff.].

Standortfaktoren sind nach RUSCHENPÖHLER eine Teilmenge der Standortbedingungen, da sie nur die speziellen Bedingungen, die von einem bestimmten Betrieb genutzt werden, berücksichtigen.

Für die Standortfaktoren gibt es eine Vielzahl von umfangreichen Katalogen, von denen in Abb. 3.8 exemplarisch ein Standortfaktorenkatalog nach HANSMANN wiedergegeben ist [HANSMANN 1974, S. 140 ff.].

Standortfaktorenkatalog	
Grund und Boden • Lage und Größe • Expansionsmöglichkeiten • Erschließung • Bebauungsvorschriften	Arbeitskräfte • Potential (Anzahl) • Ausbildungsstand (Qualifikation)
Verkehr und Transport • Straßennetz • Schienennetz • Binnenschifffahrt bzw. Seehafen • Flughafen	Beschaffung und Entsorgung • Roh-, Hilfs- und Betriebsstoffe • Energie • Wasser • Abfallbeseitigung
Produktion • Klimatische Bedingungen • Ersatz für Maschinen	Absatz • Bevölkerungspotential • Konsumgewohnheiten • Kaufkraft • Konkurrenz • Absatzfördernde Einrichtungen
Investition und Finanzierung • Bauunternehmen • Investitionsgüterhersteller • Kreditinstitute	Öffentliche Hand • Bevölkerungspotential • Steuervergünstigungen
Allgemeine Infrastruktur • Wohnraum • Bildungseinrichtungen • Kulturelle Einrichtungen • Medizinische Versorgung	Persönliche Präferenzen • Wohnlage • Erholungs- und Urlaubsmöglichkeiten

Abb. 3.8 Standortfaktorenkatalog nach HANSMANN (exemplarisch)

Die große Anzahl, die Heterogenität und die Interdependenzen der Standortfaktoren führen zu einer hohen Komplexität bei der Anwendung der Standortfaktorenkataloge. Aus diesem Grund wird der intuitiven Standortoptimierung nach LÜDER häufig nur Erwägungscharakter zugesprochen [LÜDER 1990, S. 34] bzw. ihre Anwendung reduziert sich auf strategische, übergeordnete Überlegungen.

HOPPE schlägt ein Lösungsverfahren zur intuitiven Optimierung von Standortproblemen vor, mit dem sämtliche Problemklassen und alle Grundproblematiken approximativ gelöst werden können, jedoch nicht sichergestellt werden kann, dass ein Optimum gefunden wird. HOPPEs Verfahren beruht auf der Annahme, dass sich die Struktur des optimalen Netzwerkes in der Praxis bereits abzeichnet, wenn die Analyse des Geschäftsmodells und der Unternehmensstrategie (der netzwerkbestimmenden Anforderungen des Unternehmens), regionale Besonderheiten sowie der Abgleich von Standortanforderungen und Standortbedingungen potentieller Standorte abgeschlossen ist, da nach diesem Prozess nur noch wenige Optionen übrigbleiben. Die detaillierte Wahl einzelner Lagerstandorte wird anschließend anhand des lokalen Dienstleisterangebotes der Speditionen und Lagerbetreiber als Teil eines Standortfaktorenkatalogs getroffen [HOPPE 2002, S. 59 ff.].

Die wichtigsten Schritte dieses Verfahrens sind die Bearbeitung der Themenblöcke

- Vision und Zielsetzung,
- Projektorganisation,
- Projektplanung,
- Aufsetzen des Projekt- und Erfolgscontrollings,
- Analysephase,
- Entwicklung von Netzwerkalternativen und
- Implementierungsplan.

Die Detailoptimierung kann anschließend mit gängigen Methoden der betrieblichen Standortoptimierung erfolgen, wobei dieser Schritt häufig nur der abschließenden Berechnung des Lieferservice und der Distributionskosten dient. Falls die Verfahrensschritte hypothesenbasiert abgearbeitet werden, muss dafür häufig kein Modell entwickelt werden, das die komplette Supply Chain End-to-End abbildet, sondern es reicht aus lediglich einige Teilfragestellungen detailliert zu berechnen.

Andere Lösungsverfahren, auf die hier nicht näher eingegangen wird, sind die Profilmethode [UPHOFF 1978, S. 1 ff.] bzw. die Korrespondenzanalyse [STEWART 1981, S. 45 ff.]. Rein qualitative Lösungsverfahren werden von

LÜDER beschrieben, der die Verwendung einer Standort-Portfolio-Matrix vorschlägt [LÜDER 1983, S. 123].

Zusammenfassend können mit der intuitiven Optimierung approximative Lösungen auch sehr komplexer Standortprobleme durchgeführt werden, wobei die qualitativen und quantitativen Ergebnisse der Lösung nur mit den Methoden der Optimalplanung, der diskursiven Optimierung oder – wenn vorhanden – mit Expertensystemen überprüft werden sollten.

3.3.3.3 Expertensysteme

„Ein Expertensystem ist ein Programmsystem, das Wissen über ein spezielles Gebiet speichert und ansammelt, aus dem Wissen Schlussfolgerungen zieht und zu konkreten Problemen des Gebietes Lösungen anbietet“ [DUDEN 2007, S. 189].

Expertensysteme haben ihren Ursprung im Forschungsgebiet der Künstlichen Intelligenz (KI) und sind Computersysteme, in denen die fachliche Kompetenz – also das Sach- und Erfahrungswissen – von Experten gespeichert wird. Sie benutzen neben Fakten- und Regelwissen Heuristiken und vages Wissen, um über Regeln aus dem vorgegebenen Wissen selbständig Schlüsse zu ziehen. Beim Aufbau solcher Systeme werden nach HARMON menschliche Experten interviewt und deren Wissen erfasst, woraus der Name Expertensysteme resultiert [HARMON 1989, S. 1 ff.].

Gemäß dieser Definition stellen Expertensysteme eine deskriptive und normative, diskursive und heuristische Methode dar, in welcher die Wissensbasis und die Methodenkompetenz (Problemlösungsverfahren und Schlussfolgerungsmechanismen) streng voneinander getrennt sind.

Expertensysteme bestehen im Allgemeinen aus fünf Komponenten (siehe Abb. 3.9):

- Die Wissensbasis bildet die Grundlage des Systems und enthält in Form von Fakten (deklaratives Wissen), Regeln (prozedurales Wissen), Rahmen (Beschreibung von Objekten) und Skripten (Beschreibung von Abläufen) die Kenntnisse des Fachmanns.

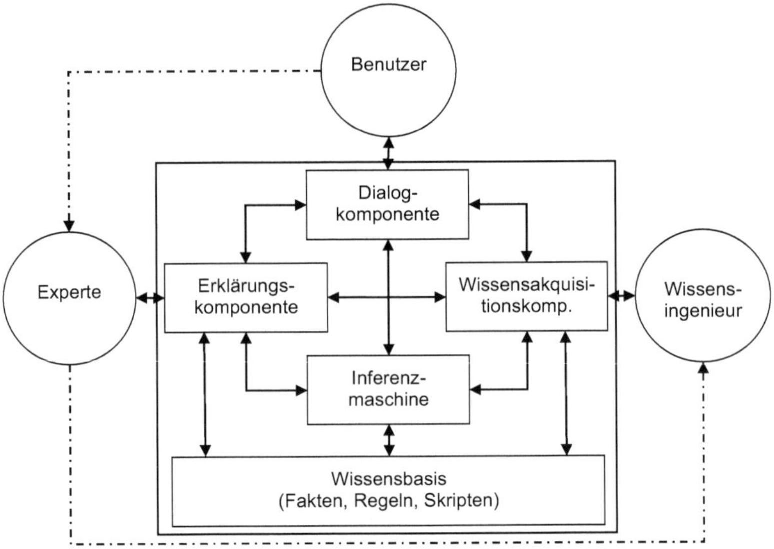

Abb. 3.9 Struktur von Expertensystemen nach SCHNUPP [SCHNUPP 1988, S. 13]

- Die Inferenzmaschine (Schlussfolgerungsmechanismus) dient der Wissensauswertung, indem sie Fakten und Regeln nach einer von zwei vorgegebenen Strategien (Rückwärts- oder Vorwärtsverkettung) sucht und verknüpft, um daraus Schlussfolgerungen und Ergebnisse zu produzieren. Bei der Vorwärtsverkettung nennt der Anwender Fakten und die Inferenzmaschine prüft, ob diese in einem Zusammenhang stehen. Bei der Rückwärtsverkettung stellt der Anwender eine Behauptung auf oder stellt eine Frage und der Schlussfolgerungsmechanismus sucht nach Regeln und Fakten, die diese Behauptung beweisen oder die Frage beantworten.
- Die Erklärungskomponente gibt dem Anwender darüber Auskunft mit welchen Regeln und Fakten ein Ergebnis zustande gekommen ist und ermöglicht es dem Experten ferner die Qualität der Antwort zu überprüfen.
- Die Dialogkomponente bildet die Schnittstelle zwischen dem Anwender und dem Experten, wobei dieser Dialog möglichst in menschlicher Sprache oder in graphischer Form geführt wird.

- Über die Wissensakquisitionskomponente ist das Expertensystem in der Lage ohne zusätzlichen Programmierungsaufwand zu „lernen“, d. h. neues Wissen in die Wissensbasis einzufügen oder vorhandenes Wissen zu manipulieren.

Expertensysteme sind immer auf spezifische Fragestellungen zugeschnitten, was auch für die von ihnen verwendeten Lösungsverfahren gilt. Aus diesem Grund können die Lösungsverfahren nicht generisch, sondern nur exemplarisch beschrieben werden, was nach MEUSEL am Programmsystem „optiTREX“ – einem Expertensystem zur Unterstützung bei der Frachtkostenanalyse – geschehen soll [MEUSEL 1994, S. 155 ff.].

Die Zielsetzung von „optiTrex“ ist es, den Anwender bei der Analyse- und Interpretation von logistischen Warenströmen zu unterstützen und Anregungen mitzuteilen bzw. auf Spezifika in den Warenströmen hinzuweisen. Dazu werden die wesentlichen Daten (Zielsetzung, Umfeld) per Interview und Fragebogen erhoben und anschließend eine DV-gestützte Analyse der Mengendaten durchgeführt. In einem nächsten Schritt werden verschiedene Szenarien definiert und Parametervariationen innerhalb der vorgegebenen Szenarien durchgeführt. Der Anwender kann nach VASTAG basierend auf dieser Assistenzfunktion des Rechners und seiner eigenen Kenntnis der Ist-Situation Problemfelder und Schwachstellen erkennen, was der schnellen Entwicklung von Lösungsvorschlägen und Entscheidungsvorlagen zugute kommt [VASTAG 1998b, S. 74 ff.].

Hinsichtlich der Problemklassen, die mit Expertensystemen abbildbar sind, bestehen konzeptionell keine Einschränkungen, weshalb damit prinzipiell alle Grundproblematiken der betrieblichen Standortplanung approximativ gelöst werden können, wobei nicht zwingend ein Optimum, sondern evtl. auch nur Suboptima gefunden werden.

3.4 Anforderungen an die Optimierungsmethode

Die Aufgabenstellung der vorliegenden Arbeit ist es ein effizientes Planungsverfahren zu entwickeln, mit dem die Auswirkungen von Veränderungen

- auf dem Beschaffungsmarkt,
- dem Absatzmarkt und
- im Geschäftsmodell eines Unternehmens

auf den Lieferservice, die totalen Distributionskosten und die Struktur von globalen Distributionsnetzwerken untersucht und eine optimierte Lösung für die Netzwerkstruktur gefunden werden können (vergleiche Kapitel 1.2). Zur Bestimmung der Eignung bestehender Methoden und Verfahren werden zunächst die Problemeigenschaften globaler Distributionsnetzwerke untersucht.

Typischerweise haben globale Distributionsnetzwerke die folgenden Charakteristika, welche ohne Beschränkung der Allgemeinheit bei der Auswahl und Bewertung geeigneter Optimierungsmethoden und Lösungsverfahren zu berücksichtigen sind:

- Es werden mehrere horizontal angeordnete Lagerstandorte benötigt, um die global verteilten Absatzmärkte zu beliefern. Diese Annahme ist auch für Distributionsnetzwerke mit sehr niedrigen Lieferserviceanforderungen haltbar, da in vielen realen Problemstellungen zumindest in den beiden größten Wirtschaftsräumen Europa und Nordamerika je ein Lagerstandort benötigt wird.
- Häufig sind die Beschaffungsmärkte global verteilt, so dass eine mehrstufige Distributionsstruktur mit z. T. mehr als einem Zentrallager und/ oder Umschlagpunkten benötigt wird.
- Da die Auswirkungen von äußeren Veränderungen auf das Distributionsnetzwerk ermittelt werden sollen, ist ein kapazitiertes Netzwerk zu betrachten, denn nur so können bestehende Kapazitätsengpässe bestimmt und die zukünftig erforderliche Netzwerkkapazität ermittelt werden.
- Es sind in der Regel mehrere Zielfunktionen zu optimieren, denn in den meisten Fällen sind die Auswirkungen auf den Unternehmenserfolg und damit auf den Lieferservice und die Distributionskosten zu ermitteln.
- Die Kostenfunktionen sind zumeist regional und für jede Kostenart unterschiedlich, so dass differenzierte Kostenfunktionen unter Berücksichtigung des Einflusses mehrerer Kostentreiber betrachtet werden müssen.
- In globalen Netzwerken kann die Transportabwicklung in den meisten Fällen nur intermodal erfolgen (z. B. kombinierte Land- und Seetranspor-

te), weshalb mehrere Verkehrsträger und deren Kombination zu berücksichtigen sind.

- Eine der Kernaufgaben bei der Optimierung globaler Distributionsnetzwerke ist es das Zuordnungsproblem zu lösen, weshalb die Transportwege nicht vorgegeben werden können, sondern Bestandteil der Optimierung sein müssen.

Neben den Eigenschaften des Planungsproblems bestimmt auch die Problemstruktur die Auswahl der geeigneten Methoden und Lösungsverfahren (vergleiche Kapitel 3.3). Anhand von Abb. 3.2 müssen globale Distributionsnetzwerke meistens der Gruppe der schlecht strukturierten Planungsprobleme zugeordnet werden, denn:

- Die Art und Anzahl der Variablen und Daten ist aufgrund der häufig anzutreffenden hohen Komplexität globaler Distributionsnetzwerke nur z. T. bekannt, weshalb ein Abgrenzungsdefekt vorliegt (Zum Beispiel welchen Einfluss hat eine Veränderung der Wertdichte auf die Distributionsstruktur?).
- Die Wirkungszusammenhänge sind wegen der hohen Anzahl an Kosten- und Leistungstreibern und der regional unterschiedlichen Kostenfunktionen nur z. T. bekannt, so dass ein Wirkungsdefekt vorhanden ist (Zum Beispiel welchen Einfluss hat eine Rohölpreiserhöhung auf das Distributionsnetzwerk?).
- Die Bewertung der Handlungsergebnisse ist nicht durchführbar, da unterschiedliche Handlungen unterschiedliche Elemente und damit KPIs des Netzwerkes verändern, weshalb ein Bewertungsdefekt besteht (Zum Beispiel ist eine Reduzierung des Lieferservice akzeptabel, um Einsparungen auf der Beschaffungsseite zu erzielen?).
- Die Zielfunktion ist meistens nicht operational, denn bei sich abzeichnenden Veränderungen ist es nur selten möglich durch die Umsetzung konkreter Verfahrensanweisungen die Zielvorgaben des Distributionsnetzwerkes weiterhin zu erreichen. Deshalb liegt ein Zielsetzungsdefekt vor (Zum Beispiel wo und wann müssen neue Auslieferungslager implementiert werden, um bei einer Umsatzverdoppelung weiterhin ein service- und kostenoptimales Distributionsnetzwerk zu unterhalten?).

- Es liegt ein Lösungsdefekt vor, denn es ist Gegenstand der vorliegenden Arbeit eine effiziente Planungsmethode zur Optimierung globaler Distributionsnetzwerke zu erarbeiten.

In Kapitel 3.5 wird auf Basis der im vorliegenden Kapitel definierten Anforderungen die Eignung der unterschiedlichen Methodologien und Lösungsverfahren zur Optimierung globaler Distributionsnetzwerke analysiert.

3.5 Eignung der existierenden Methoden und Lösungsverfahren

Die Simulation ist als Optimierungsverfahren für globale Distributionsnetzwerke bereits ausgeschlossen worden, da das Vorgehen im Alternativenraum und das Analyseergebnis die an die Lösung gestellten Erwartungen nicht erfüllt (vergleiche Kapitel 3.3.1).

Sowohl die Methoden der kontinuierlichen als auch der diskreten Optimalplanung sind hinsichtlich der zulässigen Problemeigenschaften sehr restriktiv, da mit diesen Methoden nur Standortoptimierungen niedriger Komplexität durchgeführt werden können (vergleiche Kapitel 3.3.2). Aus diesem Grund werden auch diese Vorgehensweisen nicht weiter in Betracht gezogen.

Als einzig anwendbare Methodologie bleibt damit die heuristische Optimierung übrig, denn sowohl der Alternativenraum als auch das Analyseergebnis entsprechen größtenteils der Aufgabenstellung und die hohe Komplexität globaler Distributionsnetzwerke kann ausreichend berücksichtigt werden. Nachteilig ist dagegen, dass das Auffinden optimaler Lösungen nicht garantiert werden kann, weshalb über die Güte der Lösung nur Abschätzungen gemacht werden können. Die darüber hinaus notwendige Überführung in ein wohldefiniertes Planungsproblem ist Bestandteil des Kapitels 4.

Insbesondere die diskursive heuristische Optimierung auf Basis deterministischer Lösungsverfahren ohne temporäre Lösungsverschlechterung stellt eine Methoden- und Verfahrensklasse dar, die gut für die Optimierung von (globalen) Distributionsnetzwerken geeignet ist. Sie gehört zu den klassischen Optimierungsmethoden und ist entsprechend häufig in der Praxis angewendet worden [VASTAG 1998c, S. 66 f.]. Sinnvoll ist allerdings die Integration von Verfahren mit temporärer Lösungsverschlechterung, um lokale Optima zu überwinden und dadurch zu einer höheren Güte der Lösung zu gelangen, wozu die heuristischen Metastrategien (z. B. Simulated Annealing, Tabu Search, genetische Algorithmen) in der Lage sind.

Ein generelles Problem der heuristischen Optimierung ist, dass die Güte der Lösung neben der Verfahrensvorschrift stark von der gewählten Ausgangslösung abhängt. Abhilfe schafft der Einsatz von speziellen Eröffnungs- und Verbesserungsverfahren, jedoch erhöht sich mit deren Integration auch der Aufwand für die Optimierung überproportional.

Eine andere Möglichkeit die Ausgangslösung zu verbessern, ist der Einsatz der diskursiven heuristischen Optimierung im Sinne einer vorgelagerten Optimierung, der dann die deterministische heuristische Optimierung zur Feinoptimierung folgt. Der Vorteil dieser Vorgehensweise besteht – neben einer Vereinfachung der Lösungsalgorithmen – in der Tatsache, dass auch qualitative Standortanforderungen und vor allem strategisch relevante Planungsgrundlagen in einfacher Weise berücksichtigt werden können, was der Formulierung des Untersuchungsziels dieser Arbeit entspricht.

Ideal für die vorgelagerte Optimierung wäre der Einsatz von Expertensystemen, die den Anwender im Rahmen von interaktiven Befragungen abhängig von dessen spezifischem Optimierungsproblem zu einer guten Ausgangslösung leiten, jedoch gestaltet sich der Aufbau von Expertensystemen als zeitaufwendig und „das Ziel der transparenten Abbildung der Logistikstrukturen kann häufig nur unzureichend erreicht werden“ [O. V. 1994, S. 93]. Deshalb werden im weiteren Verlauf dieser Arbeit Expertensysteme nicht weiter betrachtet.

Zusammenfassend werden zwei unterschiedliche Methoden der heuristischen Optimierung weiterverfolgt, da diese die spezifischen Problemeigenschaften globaler Distributionsnetzwerke am besten adressieren (siehe Abb. 3.10):

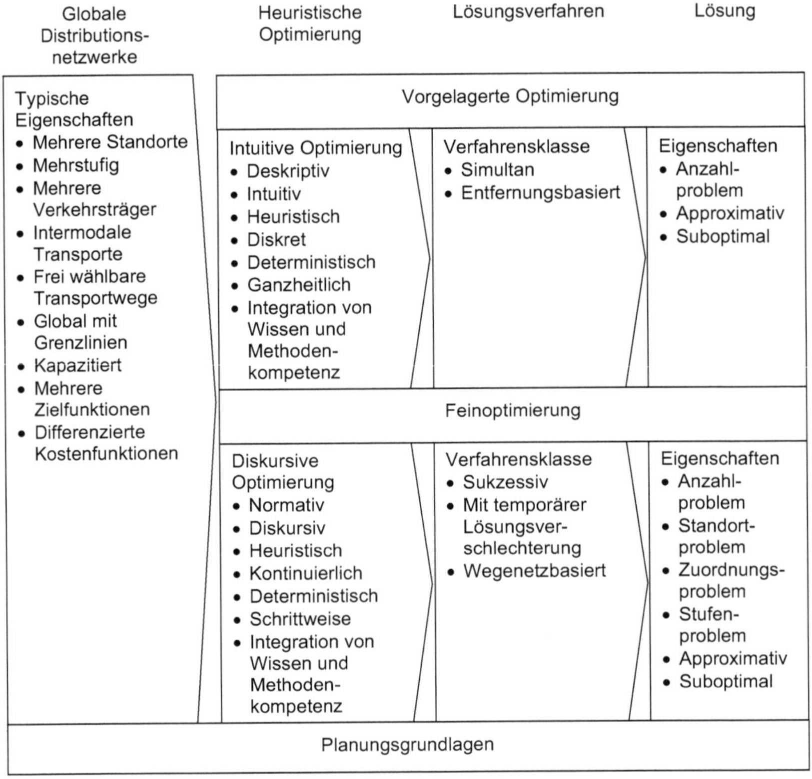

Abb. 3.10 Übersicht geeigneter Methoden und Lösungsverfahren zur Optimierung globaler Distributionsnetzwerke

- Für die vorgelagerte Optimierung soll die intuitive heuristische Optimierung eingesetzt werden, um mit einem simultanen, entfernungsbasierten Lösungsverfahren das Anzahlproblem approximativ zu lösen und dadurch zu einer guten Ausgangslösung zu gelangen.
- Die Feinoptimierung soll auf der diskursiven heuristischen Optimierung aufbauen und mit kapazitierten, wegenetzbasierten Verfahren unter Zulassung temporärer Lösungsverschlechterung arbeiten. Die eingesetzten Methoden und Lösungsverfahren müssen die vier Grundprobleme der Distributionslogistik vollständig approximativ lösen können.

- Als Planungsgrundlagen sollen neben strategischen Daten insbesondere auch geographische, demographische und statistische Daten berücksichtigt werden können.

Zusammenfassend liegt der Schwerpunkt nicht auf der Entwicklung neuer Lösungsmethoden zur betrieblichen Standortplanung, sondern in der Kombination existierender Vorgehensweisen und Lösungsverfahren und in der Bewertung der Ergebnisse.

3.6 Notwendige Ergänzungen

Die Anfänge der Logistik bestanden darin den physischen Material- und Warenfluss zu beherrschen, wodurch Transport-, Umschlag- und Lagerprozesse („TUL-Logistik") im Fokus waren. Dies spiegelt sich in der starken Operations Research Orientierung der zur Optimierung eingesetzten Verfahren wider, so dass die Neugestaltung von Distributionsnetzwerken auf die Auswahl eines geeigneten Tools zur Netzwerkoptimierung reduziert wurde [HOPPE 2002, S. 59].

Mit der Beherrschung der TUL-Logistik wurde die Stellung der Logistik als Koordinator für verschiedene Unternehmensfunktionen deutlich, denn die Material- und Warenflüsse stellen das Bindeglied zwischen Produktion, Beschaffung und dem Vertrieb dar. Mit dieser Erkenntnis wurde der Einfluss der Logistik auf den Unternehmenserfolg erkannt (vergleiche Kapitel 2.6), weshalb ein Abrücken von der Rolle des reinen Koordinators zu einer Gestalterrolle der Material- und Warenflüsse notwendig wurde [WEBER 2003, S. V].

Aufbauend auf dem Prinzip der Flussorientierung ist die Logistik inzwischen ein wichtiger Bestandteil der zumeist globalen Supply Chain geworden, weshalb ihr die Aufgabe zukommt, strategische Unternehmensentscheidungen bei der Optimierung von globalen Distributionsnetzwerken mit zu berücksichtigen. Zur Netzwerkoptimierung kommen jedoch nach wie vor die Methoden und Verfahren aus dem umfangreichen Baukasten des Operations Research zum Einsatz, ohne mittels einer strukturierten Methode das Geschäftsmodell und die Unternehmensstrategie bei der Optimierung und Bewertung neuer Netzwerkalternativen ausreichend zu berücksichtigen.

Es gibt auf der anderen Seite intuitive Ansätze zur Optimierung globaler Distributionsnetzwerke, welche die Unternehmensstrategie und das Geschäftsmodell einbeziehen, allerdings reichen deren Ergebnisse nicht über qualitative Standortempfehlungen hinaus, so dass die quantitative Zielerreichung der zumeist mehrdimensionalen Zielvorgaben nicht bewertet werden kann. In Anbetracht der langfristigen Orientierung von Standortentscheidungen und deren nachhaltigen Einfluss auf den Unternehmenserfolg, werden nur die wenigsten Entscheidungsträger auf eine rein qualitative Entscheidungsbasis bei der Standortwahl vertrauen.

Aus diesem Grund stellt die vom Verfasser vorgestellte Arbeit als eigentliche Neuerung ein Verfahren zur Verfügung, mit dem intuitive und diskursive heuristische Optimierungsmethoden derart miteinander verknüpft werden, dass unter einer „Total-cost-of-Ownership“-Betrachtung die lieferservice- und kostenoptimale globale Netzwerkstruktur gefunden und entschieden werden kann.

4 Holistische Distributionsplanungsmethode

4.1 Überblick Planungsmethode

In der Einleitung zu dieser Arbeit wurde aufgezeigt, dass die Optimierung globaler Distributionsnetzwerke von der Beschaffung bis zum Kunden eine hohe Komplexität aufweist, deren Lösung mit einem zweistufigen Optimierungsansatz – einer vorgelagerten Optimierung mit einer anschließenden Feinoptimierung – anstatt mit einem geschlossenen Modell erfolgen soll.

Im Kapitel 2 wurden die Grundlagen der Distributionslogistik ausführlich erörtert und daraus der Lieferservice und die totalen Distributionskosten als Hauptzielgrößen für die Netzwerkoptimierung abgeleitet sowie deren Auswirkung auf den Unternehmenserfolg dargestellt.

Die Optimierung globaler Distributionsnetzwerke ist gemäß Kapitel 3 eine Problematik, die der betrieblichen Standortplanung zugeordnet werden kann, weshalb die existierenden Methodologien, Methoden und Lösungsverfahren der betrieblichen Standortplanung vorgestellt und auf ihre Anwendbarkeit zur Optimierung globaler Distributionsnetzwerke untersucht wurden.

Das Ergebnis dieser Untersuchung ist, dass sich die intuitive heuristische Optimierung für die Lösung der spezifischen Fragestellungen der vorgelagerten Optimierung eignet, da mit ihr gute Ausgangslösungen unter Einbezug unternehmensstrategischer Fragestellungen gefunden werden können. Die Methode der diskursiven heuristischen Optimierung ist für die Feinoptimierung zweckmäßig, da mit ihr auf Basis der Ausgangslösung sämtliche Problemeigenschaften der Optimierung globaler Distributionsnetzwerke lösbar sind.

Es wurde weiterhin deutlich, dass es sich bei der vorliegenden Optimierungsproblematik um ein schlecht strukturiertes Problem handelt, da keine der vorgestellten Methoden die in Kapitel 1.2 definierte Aufgabenstellung alleine effizient lösen kann. Aus diesem Grund wird in dieser Arbeit eine Methodenkombination entwickelt, die das schlecht strukturierte Planungsproblem in ein wohlstrukturiertes überführt und damit die effiziente Optimierung globaler Distributionsnetzwerke ermöglicht.

Die vom Verfasser entwickelte Methodenkombination wird im weiteren Verlauf dieser Arbeit als „holistische Distributionsplanungsmethode" bezeichnet, da sie die optimale Netzwerkstruktur von den weltweiten Beschaffungsquellen bis zu den global verteilten Kunden „End-to-End" unter Berücksichtigung des Lieferservice und der totalen Distributionskosten optimiert. Die Ableitung der Anforderungen an das globale Distributionsnetzwerk erfolgt systematisch aus dem Geschäftsmodell und der Unternehmensstrategie der zu betrachtenden Unternehmung unter Berücksichtigung aller relevanten Leistungs- und Kostentreiber innerhalb der Netzwerkstruktur sowie deren Abhängigkeiten untereinander.

In Abb. 4.1 ist die Methodenkombination und die Vorgehensweise zur Optimierung globaler Distributionsnetzwerke dargestellt, die der vorliegenden Arbeit zugrunde liegt und welche ihre praktische Anwendbarkeit – wie in Kapitel 5 gezeigt werden wird – bereits bewiesen hat. Die einzelnen Prozessschritte dieser Methode werden im Folgenden übersichtsartig beschrieben und ihr Zusammenwirken erläutert. Die Modellbildung und die detaillierte Beschreibung der verwendeten Lösungsverfahren erfolgt in den anschließenden Kapiteln.

Die Distributionsplanungsmethode zur Optimierung globaler Distributionsnetzwerke teilt sich in die vier Prozessschritte

- Erstellen der Planungsbasis,
- vorgelagerte Optimierung,
- Feinoptimierung und
- Lösungsbewertung auf.

Das Erstellen der Planungsbasis beginnt mit der Definition der Anforderungen, die an das Netzwerk gestellt werden. Die Anforderungen werden zunächst als grober Rahmen aus dem Geschäftsmodell abgeleitet und anschließend unter Einbezug der übergeordneten Unternehmensstrategie verfeinert. In einer weiteren Detaillierungsstufe erfolgt die detaillierte Ableitung der an das Netzwerk zu stellenden Anforderungen aus der Marketing-, Vertriebs-, Produkt- und Beschaffungsstrategie zur Festlegung der in Abb. 2.8 beschriebenen netzwerkstrukturbestimmenden Anforderungen.

Die Planungsgrundlagen beinhalten die Planungsdaten, aufgabenspezifischen Daten, modellspezifischen Daten, geographischen Daten, demographischen Daten, strategischen Daten (in Form der netzwerkstrukturbestimmenden Anforderungen), statistischen Daten und die Zielgrößen.

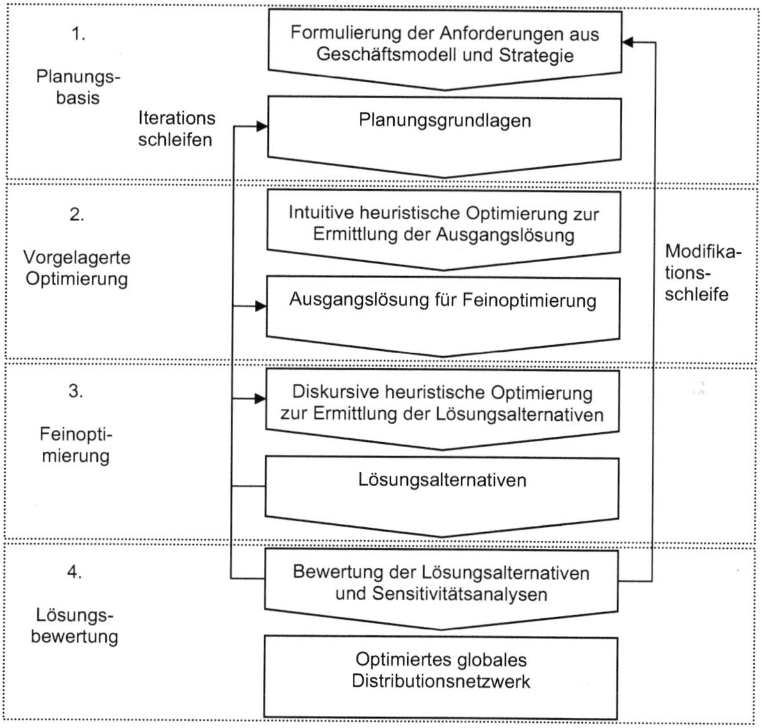

Abb. 4.1 Methodenkombination und Prozessablauf zur Optimierung globaler Distributionsnetzwerke

Die Planungsgrundlagen dienen als Eingangsgrößen für die vorgelagerte Optimierung, in der mittels der intuitiven heuristischen Optimierung das Anzahlproblem für unterschiedliche Produktcluster approximativ gelöst und damit eine gute Ausgangslösung für die anschließende Feinoptimierung bereitgestellt wird. Die Ausgangslösung kann in einem oder in mehreren Iterationsschritten gefunden werden, weshalb eine Iterationsschleife zu den Planungsgrundlagen vorgesehen ist. Dadurch können bereits erste Erkenntnisse aus der Ausgangslösung zurück in die Planungsgrundlagen einfließen, um die anschließende Feinoptimierung zu vereinfachen. Ein Ergebnis der vorgelagerten

Optimierung könnte z. B. die Erkenntnis sein, dass für ein hinsichtlich seiner physikalischen Eigenschaften stark diversifiziertes Produktspektrum segmentierte Distributionsnetzwerke erforderlich sind, die anschließend in der Feinoptimierung separat mit einem jeweils geringeren Komplexitätsgrad optimiert werden können.

Die Feinoptimierung beginnt mit der diskursiven heuristischen Optimierung zur Ermittlung einer Lösungsalternative. Da es sich bei den verwendeten heuristischen Lösungsverfahren um approximative Verfahren handelt, kann die gefundene Lösungsalternative ein Suboptimum darstellen. Dies kann z. B. darüber festgestellt werden, dass die Lösung erheblich von der aktuellen Netzwerkstruktur abweicht, in den meisten Fällen wird es aber erforderlich sein in mehreren Iterationsschritten unterschiedliche Lösungsvarianten zu erstellen, um Suboptima auszuschließen. Aus diesem Grund kann die Ausgangslösung über eine Iterationsschleife modifiziert werden.

Im vierten Schritt erfolgt die quantitative und qualitative Bewertung der Lösungsalternative(n) anhand vorher definierter Bewertungskriterien (z. B. der quantitativen Zielgrößen Lieferservice und totale Distributionskosten und der qualitativen Größen Komplexität bzw. Sensitivität der Lösung gegenüber Markteinflüssen oder Standortausfällen). Falls keine der gefundenen Lösungsalternativen die Bewertungskriterien erfüllt, können über eine Iterationsschleife und Parametervariationen bei konstanter Ausgangslösung weitere Lösungsalternativen erstellt werden.

Mit der Modifikationsschleife können nach erfolgter Bewertung der Lösungsalternativen die eingangs formulierten Anforderungen modifiziert und die Prozessschritte 1 - 4 wiederholt werden, um neue Lösungsalternativen zu generieren. Dies ist immer dann erforderlich, wenn sich die am Anfang formulierten Zielgrößen als widersprüchlich und damit als nicht erfüllbar herausstellen. Die Modifikationsschleife bietet zusätzlich die Möglichkeit die Anforderungen an das Netzwerk und damit die Planungsgrundlagen gezielt zu verändern, um das gefundene optimale globale Distributionsnetzwerk Sensitivitätsanalysen zu unterziehen.

Mit den Prozessschritten 1 - 4 kann der tatsächliche Lieferservice eines bestehenden Distributionsnetzwerkes ermittelt werden, indem die Netzwerkknoten und -kanten sowie die totalen Ist-Distributionskosten vorgegeben und der unter den vorgegebenen Rahmenbedingungen theoretisch erzielbare (ergo für die vorgegebene Struktur optimale) Lieferservice berechnet wird.

4.2 Erstellen der Planungsbasis

4.2.1 Formulierung der Anforderungen an die Netzwerkoptimierung

4.2.1.1 Anforderungen aus dem Geschäftsmodell

Nach RENTMEISTER besteht ein Geschäftsmodell aus den drei Hauptkomponenten

- Architektur der Wertschöpfung,
- Nutzenversprechen und dem
- Ertragsmodell [RENTMEISTER 2003, S. 17 ff.].

Gemäß Abb. 4.2 wird bei der Architektur der Wertschöpfung geklärt, welche Leistungen von einem Unternehmen erbracht werden und welche Partner in welcher Form beteiligt sind. Gleichzeitig wird definiert wie und durch wen die Leistung distribuiert und kommuniziert wird. Im Nutzenversprechen wird der Nutzen für Lieferanten und Kunden definiert. Das Ertragsmodell legt fest wie ein Unternehmen Erträge erzielt, welche Geldströme fließen und mit welchem Risiko diese behaftet sind.

Insbesondere die Beantwortung der Fragen

- Welche Leistung wird erbracht?
- Welche Partner sind beteiligt?
- Wie wird die Leistung distribuiert?
- Welcher Nutzen entsteht für die Lieferanten?
- Welcher Nutzen entsteht für die Kunden?
- Wie werden die Erträge erzielt?

ist für die Optimierung globaler Distributionsnetzwerke relevant, um

- die aus dem bestehenden Geschäftsmodell an das Distributionsnetzwerk zu stellenden Anforderungen definieren zu können,
- Schwächen im bestehenden Geschäftsmodell aufzudecken oder Möglichkeiten zu erkennen, sich gegenüber dem Wettbewerb zu differenzieren und daraus die notwendigen Veränderungen auf das Distributionsnetzwerk zu identifizieren,

- das Geschäftsmodell auf seine zukünftige Zweckmäßigkeit zu überprüfen und notwendige Veränderungen des Distributionsnetzwerkes frühzeitig zu antizipieren sowie
- neue Geschäftsideen systematisch darzustellen und die daraus entstehenden Anforderungen an das Distributionsnetzwerk abzuleiten.

Zur Beantwortung der relevanten Fragen aus dem Geschäftsmodell ist die Durchführung von Workshops mit dem Vorstand bzw. der Geschäftsführung des Unternehmens erforderlich.

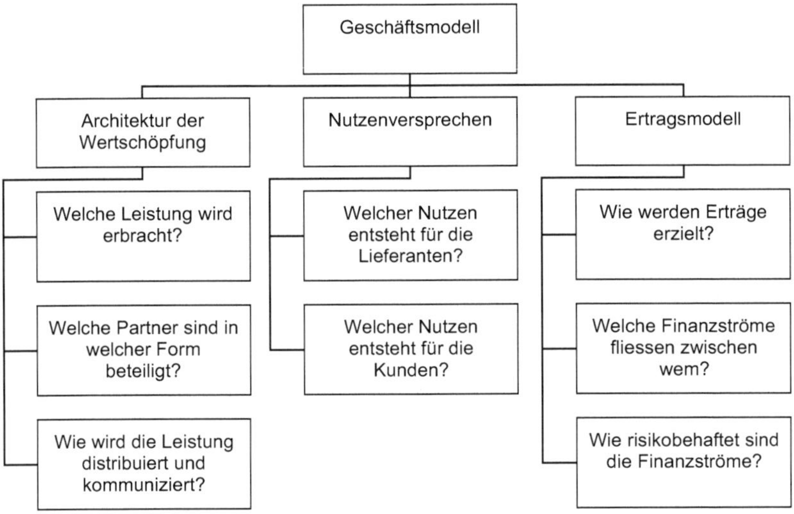

Abb. 4.2 Elemente von Geschäftsmodellen nach TOMCZAK [TOMCZAK 2002, S. 62]

Zum Einstieg in die Problematik kann Abb. 4.3 verwendet werden, in der die relevanten Fragen aus den Hauptelementen des Geschäftsmodells logistischen Anforderungen gegenübergestellt sind. In dieser bewusst einfach gehaltenen Darstellung wird lediglich zwischen den beiden extremen Polen dezentrales oder zentrales Distributionsnetzwerk unterschieden und auf die in Abb. 2.4 erläuterten Zwischenschattierungen verzichtet, um anhand des Geschäftsmodells abschätzen zu können, ob tendenziell eher eine zentrale oder eher eine dezentrale Netzwerkstruktur für das aktuelle bzw. zukünftige Geschäftsmodell der Unternehmung erfolgversprechend erscheint.

Elemente aus dem Geschäftsmodell	Logistische Anforderungen aus dem Geschäftsmodell					
	Dezentral (D)	Aktuell		Zukunft		Zentral (Z)
Welche Leistung wird erbracht?	Service- und verfügbarkeitsorientierte Belieferung mit kurzfristigem, stark schwankendem Bedarf	D	Z	D	Z	Verfügbarkeitsorientierte Lagerbelieferung gemäß langfristiger, konstanter Bedarfsvorschau
Welche Partner sind beteiligt?	Viele Lieferanten und Kunden weltweit	D	Z	D	Z	Geringe Anzahl Lieferanten und wenige industrielle Großkunden
Wie wird die Leistung distribuiert?	Viele kleine Sendungen mit niedriger Wertdichte	D	Z	D	Z	Wenige große Sendungen mit hoher Wertdichte
Welcher Nutzen entsteht für die Lieferanten?	Wegfall eigenes Distributionsnetzwerk	D	Z	D	Z	Wegfall eigene Produktionslager
Welcher Nutzen entsteht für die Kunden?	Wegfall eigene Fertigproduktlager	D	Z	D	Z	Wegfall eigene Roh- und Halbfabrikatlager
Wie werden die Erträge erzielt?	Kaufargument Lieferservice	D	Z	D	Z	Kaufargument Preis

Abb. 4.3 Logistische Anforderungen aus dem Geschäftsmodell und Ableitung der grundlegenden Netzwerkstruktur

Bei der zu erbringenden Leistung wird zwischen einem service- und verfügbarkeitsorientierten Geschäftsmodell unterschieden, das kurzfristige Bedarfsanforderungen mit hohen Schwankungsbreiten erfüllen muss sowie einem Geschäftsmodell, das verfügbarkeitsorientiert eine reine Lagerbelieferung auf Basis von langfristigen sowie relativ konstanten Bedarfsvorschauen vorsieht. Bei den beteiligten Partnern erfolgt eine Differenzierung zwischen vielen Lieferanten und Kunden auf der einen und einer geringen Anzahl von Lieferanten sowie wenigen industriellen Großkunden auf der anderen Seite. Bei der Frage wie die Leistung distribuiert wird, findet eine Unterscheidung zwischen vielen kleinen Sendungen mit einer niedrigen Wertdichte sowie wenigen großen Sendungen mit einer hohen Wertdichte statt.

Wenn sich ein Unternehmen in seinem Geschäftsmodell zur Bereitstellung des erforderlichen Distributionsnetzwerkes verpflichtet, müssen die Lieferanten bei einer dezentralen Netzwerkstruktur kein eigenes Distributionsnetzwerk vorhalten, bzw. bei einem zentral geprägten Netzwerk besteht für sie die Möglichkeit auf Produktionslager zu verzichten. Der Nutzen für die Kunden ergibt sich unter der Prämisse, dass das Unternehmen das Distributionsnetzwerk bereitstellt, bei dezentralen Strukturen aus dem Wegfall oder zumindest der Minimierung eigener Fertigproduktlager, bzw. bei zentralen Strukturen im Wegfall eigener Roh- und Halbfabrikatlager. Dezentrale Netzwerke zeichnen sich häufig durch einen besseren Lieferservice aus, weshalb sie in Geschäftsmodellen benötigt werden, bei denen ein hoher Lieferservice kaufentscheidend ist. Zentrale Netzwerke sind eher in Geschäftsmodellen wiederzufinden, bei denen der Preis das Kaufargument bildet.

Zur Anwendung des in Abb. 4.3 dargestellten qualitativen Evaluierungsverfahrens ist in den Bewertungsspalten für das aktuelle und das zukünftig geplante Geschäftsmodell der Buchstabe „D" für eine eher dezentrale Struktur oder „Z" für eine eher zentrale Struktur einzukreisen. Anschließend werden die Kreise über vertikale Linien miteinander verbunden, um graphisch die grundlegende Netzwerkstruktur für das aktuelle und das zukünftige Distributionsnetzwerk darzustellen.

Mit dieser Vorgehensweise wird ohne aufwendige Analysen ersichtlich:

- Dass das Geschäftsmodell einer Unternehmung und das Distributionsnetzwerk in einem Wirkzusammenhang stehen;
- ob die vorhandene Distributionsstruktur dem aktuellen Geschäftsmodell entspricht, oder grundlegend davon abweicht;
- ob für die geplanten Änderungen des zukünftigen Geschäftsmodells eine grundlegende Neuausrichtung des Distributionsnetzwerkes erforderlich wird, oder die aktuelle Ausrichtung des Netzwerks weiterhin Gültigkeit besitzt;
- ob evtl. nur ein einzelnes Element aus dem Geschäftsmodell im Vergleich zu allen anderen Elementen eine separate Netzwerkstruktur erfordert.

Insbesondere der letzte Aspekt ist von Interesse, da hierüber historisch gewachsene logistische Anforderungen aufgedeckt werden können, die für das aktuelle oder zukünftige Geschäftsmodell nicht mehr relevant sind, bzw. deren Relevanz stichhaltig zu beweisen wäre.

Folglich wird ein Unternehmen, dessen Geschäftsmodell der weltweite Direktvertrieb von relativ preiswerten Verbrauchsgütern ist, die von mehreren Millionen Kunden ohne Mengenbegrenzung innerhalb einer 24-stündigen Auftragsdurchlaufzeit geordert werden können, sich für eine eher dezentrale Netzwerkstruktur entscheiden. Es wäre aber möglich, dass im Zuge einer Änderung des Geschäftsmodells in bestimmten Märkten auf einen klassischen Großhandelsvertrieb mit unabhängigen Distributoren umgestellt werden soll, was in diesen Märkten zu einem eher zentralen Netzwerk führen würde, sofern die Großhändler dazu bereit wären eigene dezentrale Distributionsnetzwerke für die Feinverteilung an die Kunden zu unterhalten.

Umgekehrt wird ein Automobilzulieferer, der weltweit einige wenige Montagewerke beliefern muss und die genauen Anlieferzeiten und -mengen mit mehreren Wochen Vorfrist erhält, zu einer zentralen Netzwerkstruktur tendieren.

Zusammenfassend kann aus dem Geschäftsmodell der grundlegende Optimierungsansatz für die Hauptzielgrößen Lieferservice und Distributionskosten abgeleitet werden:

- Im Falle eines serviceorientierten Geschäftsmodells sollte das Minimalprinzip verfolgt werden, so dass der notwendige Lieferservice zu möglichst geringen Distributionskosten erzielt wird.
- Falls das Geschäftsmodell preisorientiert ist, kann aus der Umsatzrendite abgeleitet werden welche Distributionskosten maximal finanziert werden können und welcher maximale Lieferservice im Sinne des Maximalprinzips dafür erreichbar ist.

Der grundlegende Optimierungsansatz dient als Richtlinie für den weiteren Prozessablauf der Netzwerkoptimierung. Sollten im weiteren Verlauf der Optimierung Zweifel an der grundlegenden Zielrichtung aufkommen, muss das Geschäftsmodell erneut überprüft werden.

4.2.1.2 Anforderungen aus der übergeordneten Unternehmensstrategie

Das in Kapitel 4.2.1.1 verabschiedete zukünftige Geschäftsmodell und die daraus abgeleitete grundlegende Optimierungszielsetzung bilden die Grundlage und den Rahmen für die Unternehmensstrategie. Unter der Unternehmensstrategie wird – gemäß der klassischen Definition in der Wirtschaft – die meist langfristig geplante Verhaltensweise von Unternehmen zur Erreichung ihrer Ziele verstanden.

Primär dient die Unternehmensstrategie dazu den langfristigen Fortbestand der Unternehmung in einem sich ändernden wirtschaftlichen Umfeld sicherzustellen. Dazu werden in regelmäßigen Abständen von ca. zwei bis vier Jahren die mittelfristigen und in Intervallen von vier bis acht Jahren die langfristigen Unternehmensziele über einen analytisch geprägten Strategieprozess festgelegt (siehe Abb. 4.4).

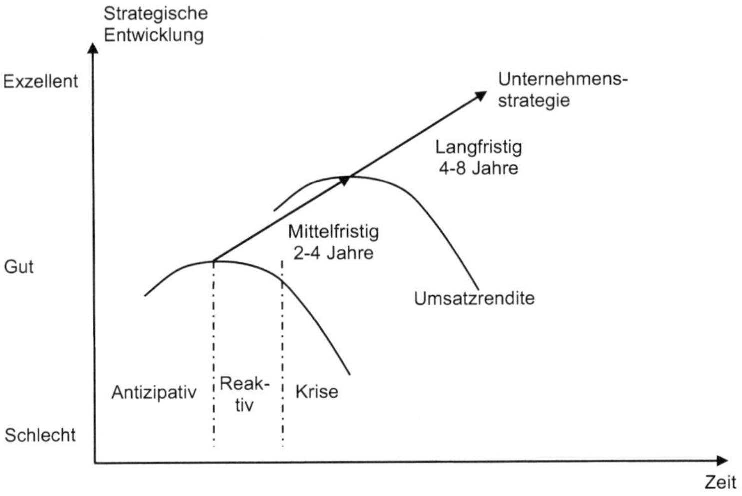

Abb. 4.4 Strategieprozess und Planungsperioden

Da bei der Formulierung der Unternehmensstrategie wie bereits erwähnt zumeist die Sicherung des Fortbestands der Unternehmung im Fokus steht, liegt der Schwerpunkt auf der Definition der mittel- und langfristigen monetären Zielvorgaben in Form von Umsatzzielen sowie der Umsatzrendite. Häufig werden die Ziele auf der Zeitachse definiert, so dass die Zielgrößen sich über die Zeit ändern. Wesentlich für die Zielerreichung ist das antizipative Erkennen von inneren und äußeren Einflüssen, welche die Zielerreichung gefährden könnten, um nicht in einen reaktiven Modus zu verfallen, der bis zu einer Unternehmenskrise führen könnte.

Aus den zumeist rein monetären Zielvorgaben der übergeordneten Unternehmensstrategie werden Teilstrategien abgeleitet, welche üblicherweise die

- Finanzierungsstrategie,
- Personalstrategie,
- Marketingstrategie,
- Vertriebsstrategie,
- Produktstrategie und
- Beschaffungsstrategie

beinhalten.

In den vier zuletzt genannten Teilstrategien werden explizit oder implizit die generellen Zielsetzungen für die Hauptzielgrößen Lieferservice und Distributionskosten von globalen Distributionsnetzwerken auf der Zeitachse definiert und darüber die Anforderungen an das zu optimierende Distributionsnetzwerk festgelegt (siehe Abb. 4.5):

- In der Marketingstrategie werden unter anderem die Kundenanforderungen und damit der Lieferservice als Leistungstreiber für das Distributionsnetzwerk bestimmt.
- Die Vertriebsstrategie definiert neben anderen Vorgaben das zukünftige Umsatzwachstum und hat damit Einfluss auf alle mengenabhängigen Kostentreiber des Distributionsnetzwerkes.
- In der Produktstrategie werden das zukünftige Produktportfolio – z. B. über den prozentualen Anteil an Neuprodukten – und die Umsatzverteilung auf die unterschiedlichen Produktlinien vorgegeben, was die Kostentreiber des Netzwerkes beeinflusst.
- Die Beschaffungsstrategie setzt – neben anderen Aspekten – konkrete Ziele hinsichtlich der Herstellungskostenentwicklung, was zur Zielerreichung der in der übergreifenden Unternehmensstrategie geplanten Umsatzrendite beiträgt und sich über eine veränderte Beschaffungslandkarte ebenfalls auf die Kostentreiber globaler Distributionsnetzwerke auswirkt.

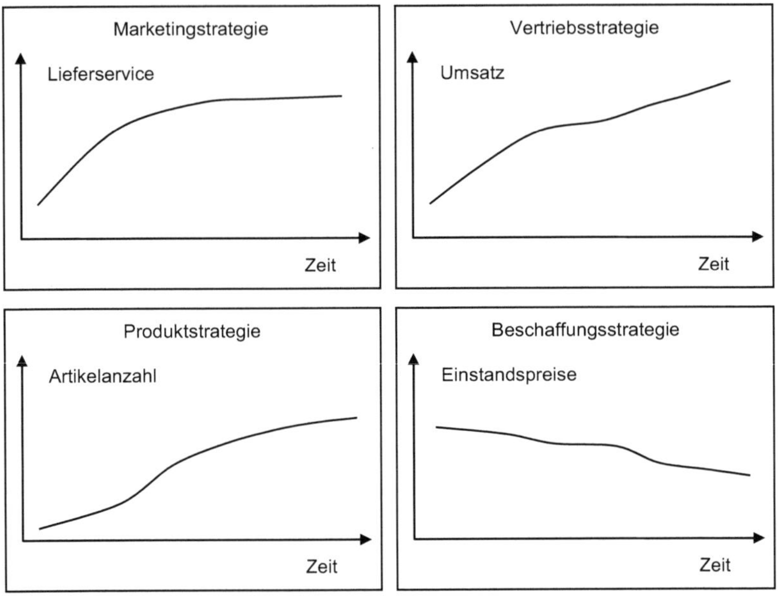

Abb. 4.5 Zeitliche Zieldefinition der netzwerkstrukturbestimmenden Teilstrategien auf Basis der übergeordneten Unternehmensstrategie (exemplarisch)

Für die Optimierung von globalen Distributionsnetzwerken ist – wie bereits erwähnt – ein langfristiger Planungszeitraum erforderlich, der sich über ein bis zwei langfristige Strategieintervalle und damit auf einen Zeitraum zwischen einer und eineinhalb Dekaden erstrecken sollte.

Die Zielvorgaben aus der übergeordneten Unternehmensstrategie stellen zumeist aggregierte quantitative Werte dar, um die unternehmensinterne und -externe Kommunikation zu vereinfachen. Beispielsweise könnten die langfristigen Zielsetzungen der für die Netzwerkoptimierung relevanten Teilstrategien wie folgt lauten (Zur Vereinfachung werden nur der Ausgangswert und der Zielwert am Ende des Planungsintervalls ohne zeitliche Zwischenwerte angegeben):

- Planungszeitraum 10 Jahre (entsprechend der Planungsperiode der übergeordneten Unternehmensstrategie),
- Steigerung des Lieferservice von 85% auf 95% (Marketingstrategie),
- Steigerung des Umsatzes um 100% (Vertriebsstrategie),

- Erweiterung des Produktportfolios um 20% (Produktstrategie) sowie
- Senkung der Einstandspreise um 30% (Beschaffungsstrategie).

Diese aggregierte Vorgabe der Zielwerte hat den Nachteil, dass z. B. ein in der Realität in der Marketingstrategie nach Verkaufsgebieten differenzierter Lieferservice in der Netzwerkoptimierung nicht berücksichtigt werden kann und der höchste in einem Marktsegment geforderte Lieferservice als pauschale Vorgabe für die gesamte Optimierung verwendet werden müsste. Als weitere Konsequenz des undifferenzierten Lieferservice würde das Optimierungsmodell zu hohe Distributionskosten ausweisen, wodurch die Genauigkeit der Optimierung beeinträchtigt wäre. Sinngemäß das gleiche gilt für die Anforderungen aus der Vertriebs-, Produkt- und Beschaffungsstrategie: Undifferenzierte Vorgaben würden evtl. zu starke Auswirkungen auf den Lieferservice und die Kostentreiber ausweisen und zu wenig praxisrelevanten Optimierungsergebnissen führen.

Aus diesem Grund werden in den folgenden Kapiteln Möglichkeiten zur Segmentierung innerhalb der vier netzwerkstrukturrelevanten Teilstrategien aufgezeigt und als Nebeneffekt Ansätze zur Reduzierung der Distributionskosten bei konstantem kundenrelevanten Lieferservice vorgestellt.

4.2.1.3 Anforderungen aus der Marketingstrategie

Wie in Kapitel 2.6 dargestellt, besteht ein kausaler Zusammenhang zwischen dem Lieferservice, den Distributionskosten und dem Unternehmenserfolg. Gemäß Abb. 2.19 arbeitet eine Unternehmung in ihrem optimalen Betriebspunkt, wenn sie genau den Lieferservice am Markt anbietet, bei dem der Abstand zwischen der Umsatz- und der Kostenkurve als Funktion des Lieferservice maximal ist. Sowohl beim Lieferservice als auch bei den Kostenverläufen handelt es sich um aggregierte Darstellungen auf Unternehmensebene, die sich als gewichtetes Mittel aus dem in der Marketingstrategie im Detail spezifizierten Lieferservice zusammensetzen. Dabei sind insbesondere die beiden Komponenten Lieferzeit und Lieferbereitschaft netzwerkstruktur- und damit distributionskostenbestimmend (vergleiche Abb. 2.6).

Eine Möglichkeit zur Differenzierung des Lieferservice besteht darin, unterschiedliche Servicepakete zu definieren und dadurch die pauschale Serviceanforderung an das Distributionsnetzwerk zu reduzieren, ohne den für die Kunden relevanten bzw. wahrgenommenen Lieferservice zu beeinträchtigen. In Abb. 4.6 werden exemplarisch jedem Servicepaket unterschiedliche Lieferzeiten (spätester Zeitpunkt Bestelleingang, Auftragsdurchlaufzeit, spätester Anlieferzeitpunkt Kunde) und Lieferbereitschaften (Warenverfügbarkeit nach A/B/C-Verteilung, Einhaltung der Lieferzeit) zugeordnet.

Lieferservice		Lieferzeit			Lieferbereitschaft	
		Spätester Zeitpunkt Bestelleingang	Auftragsdurchlaufzeit	Spätester Anlieferzeitpunkt Kunde	Warenverfügbarkeit	Einhaltung der Lieferzeit
Servicepaket	Premium	17 Uhr	1 Tag	12 Uhr	95%	98%
	Klassik	17 Uhr	1 Tag	17 Uhr	95%	95%
	Standard	17 Uhr	2 Tage	17 Uhr	95%	95%
	BtoB	20 Uhr	4 Tage	10 Uhr	90%	95%

Abb. 4.6 Definition von Servicepaketen zur Differenzierung des Lieferservice (exemplarisch)

In einem weiteren Schritt ist es möglich, bestimmte Servicepakete nur in ausgewählten Verkaufsgebieten anzubieten. Diese regionale Differenzierung bietet den Vorteil, dass in der näheren Umgebung der Auslieferungslager eine kurze Lieferzeit offeriert werden kann, ohne dass dafür nennenswerte Mehrkosten entstehen. Umgekehrt kann auf teure Expresssendungen in Gebiete verzichtet werden, die räumlich weit von den Auslieferungslagern entfernt sind. Selbstverständlich müssen in diesem Fall die Auslieferungslager auch in den Gebieten liegen, in denen aus Marketingsicht ein höherer Lieferservice zu einer Steigerung der Kundenzufriedenheit führt und zum profitablen Umsatzwachstum beiträgt. Dies könnten z. B. die Verkaufsgebiete sein, in denen aktuell ein großer Anteil des Gesamtumsatzes erzielt wird und/ oder in denen das größte zukünftige Wachstumspotential zu erwarten ist.

Der Lieferservice kann auch nach Kundengruppen unterschieden werden. In diesem Fall ist zu berücksichtigen, dass global agierende Kunden den versprochenen Lieferservice global einfordern könnten, was in weit von den Auslieferungslagern entfernten Gebieten zu hohen Expresskosten führen kann. Es scheint deshalb angebracht, die Kosten für Premiumservicepakete nach Möglichkeit an die Kunden weiterzubelasten. In diesem Fall ist es evtl. sinnvoll, die in Abb. 2.16 erläuterte Substitution von Lagerstandorten durch höhere vom Kunden zu tragende Expresskosten einzuführen.

Es ist außerdem möglich, das Produktportfolio zu clustern und besonders transportkostenintensive Produktlinien (hohes Gewicht und/ oder Volumen bei niedrigem Wert) ausschließlich mit einem niedrigen Lieferservice anzubieten oder bei diesen Produktlinien für einen höheren Lieferservice grundsätzlich Zuschläge zu verlangen. Im Fall sehr langer, schwerer oder voluminöser Produkte ist zu beachten, dass diese über den von den Expressdienstleistern vorgegebenen Größen- und Gewichtsgrenzen liegen können, weshalb Premiumservicepakete gar nicht angeboten werden können. Falls für diese Produktklasse aus Marketingsicht zwingend Premiumservicepakete angeboten werden müssen, kann dies nur über einen selbstbetriebenen oder selbstbeauftragten Auslieferungsdienst oder ein sehr dichtes Netzwerk an Auslieferungslagern bewerkstelligt werden, wobei aus Umsatzrenditesicht in diesem Fall zwingend eine Weiterbelastung der Transport- bzw. Lagerhaltungskosten an den Kunden erfolgen sollte.

Ebenso kann das angebotene Produktportfolio nach dem Umsatzanteil mittels einer A/B/C-Analyse segmentiert und z. B. nur den umsatzstarken A-Artikeln ein hoher Lieferservice zugeordnet werden. Diejenigen B- und C-Artikel, die von strategischer Relevanz sind oder im Sinne eines Systemgedankens grundsätzlich mit A-Artikeln zusammen verkauft werden sollen, erhalten eine Kennzeichnung, so dass ihnen in der Feinoptimierung der gleiche Lieferservice wie den A-Artikeln zugeordnet wird. Der Nachteil der umsatzorientierten Segmentierung des Lieferservice besteht darin, dass die Zuordnung der einzelnen Artikel zu den Umsatzkategorien starken Schwankungen unterworfen ist, was zu erheblichem operativen Aufwand führen kann.

Eine weitere Dimension zur Differenzierung des Lieferservice ist die Segmentierung nach Vertriebskanälen. Bei der Belieferung von Verbrauchermärkten, Discountern und des Großhandels liegt der Schwerpunkt häufig auf einem möglichst späten Bestelleingang sowie der exakten Einhaltung der zugesicherten Anlieferzeit und weniger auf einer kurzen Lieferzeit (Frischprodukte können die Ausnahme bilden). Gleiches gilt zumeist für Vertriebskanäle wie Kauf- und Warenhäuser, Fachmärkte, den Fachhandel, Convenience Stores sowie

Shop-in-Shop-Geschäfte. Bei Paketsendungen an Kunden steht dagegen eine kurze Lieferzeit im Vordergrund und weniger die exakte Einhaltung eines bestimmten Anlieferzeitpunktes. Im einfachsten Fall wird lediglich nach Vertriebskanälen unterschieden, in denen Kunden direkt BtoC beliefert werden und in alle anderen Vertriebskanäle, die aus Sicht des Versenders BtoB-Kunden bedienen. Der Vorteil dieser Segmentierung liegt darin, dass Expresslieferungen für große Sendungen vermieden werden können.

In Abb. 4.7 sind die zuvor diskutierten Möglichkeiten zur Differenzierung des Lieferservice exemplarisch verschiedenen Servicepaketen zugeordnet. Der angebotene Lieferservice sollte grundsätzlich auf professionellen Marktforschungsuntersuchungen basieren, die Kundenbefragungen, Konkurrenzanalysen und die Befragung der unternehmenseigenen Organisation beinhalten. Der Aufwand für diese Analysen ist in der Regel hoch, jedoch für eine genaue Spezifizierung des Lieferservice erforderlich, damit das optimierte Distributionsnetzwerk möglichst genau im optimalen Betriebspunkt der Unternehmung arbeitet und das Geschäftsmodell und die langfristige Strategie des Unternehmens unterstützen kann.

Servicepaket	Verkaufsgebiet	Kundengruppe	Produkt linie (PL)	Umsatzkategorie	Vertriebskanal
Premium	Ballungszentren und Städte größer 500.000 Einwohner	Top 100 Kunden ohne Kostenbelastung, andere mit Kostenbelastung	Alle außer PL_1	Ausschließlich A, B und C nur wenn strategisch oder systemrelevant	Alle außer Filialbelieferung
Klassik	Ballungszentren und Städte größer 500.000 Einwohner	Alle	Alle außer PL_1	Ausschließlich A, B und C nur wenn strategisch oder systemrelevant	Alle außer Filialbelieferung
Standard	Alle	Alle	Alle	A, B, C	Alle außer Filialbelieferung
BtoB	Alle	Alle	Alle	Alle	Filialbelieferung

Abb. 4.7 Zuordnung von Servicepaketen zu Verkaufsgebieten, Kundengruppen, Produktlinien, Umsatzkategorien und Vertriebskanälen (exemplarisch)

Zusammenfassend ist zur Erstellung der Planungsbasis der innerhalb der Marketingstrategie nach Servicepaketen, Verkaufsgebieten, Kundengruppen, Produktlinien, Umsatzkategorien und Vertriebskanälen spezifizierte Lieferservice erforderlich, damit in dem zu optimierenden globalen Distributionsnetzwerk keine Strukturen und Kapazitäten eingeplant werden, die zu einer Erhöhung der Distributionskosten ohne Steigerung des Kundennutzens führen.

4.2.1.4 Anforderungen aus der Vertriebsstrategie

Die durch das globale Distributionsnetzwerk fließenden Mengenströme beeinflussen gemäß Kapitel 2.5 die Lagerhaltungs-, Transport- und Kapitalkosten, da sie

- die Lagergröße und die Lagerinfrastruktur,
- den Transportbedarf sowie
- die Höhe der Lagerbestände

determinieren.

Generell verhält sich der in einem globalen Distributionsnetzwerk anfallende Mengenstrom proportional zu den Umsatzerlösen. Nur in Ausnahmefällen liegt eine direkte Proportionalität vor, da die geographische Umsatzverteilung und der prozentuale Anteil des Umsatzes an den einzelnen Vertriebskanälen sich normalerweise über den Betrachtungszeitraum von ein bis zwei langfristigen Strategieperioden verändern. Um diesem Sachverhalt Rechnung zu tragen, wird das in der übergeordneten Unternehmensstrategie geplante Umsatzwachstum in der Vertriebsstrategie nach Verkaufsregionen und Vertriebskanälen differenziert.

Langfristige und zugleich detaillierte Umsatzprognosen sind vom Vertrieb schwer zu erhalten, da die Planungsgenauigkeit für weit in der Zukunft liegende Zeitpunkte auf der Mikroebene abnimmt. Außerdem ist die Kommunikation detaillierter quantitativer Aussagen zur Entwicklung der Umsatzerlöse unpopulär, da diese sich später als nicht erfüllbar herausstellen könnten. Ein möglicher Lösungsweg ist es mit realistischen, pessimistischen und optimistischen Umsatzprognosen pro Verkaufsregion zu arbeiten und darüber die Bandbreite abzustecken, in der sich die Zukunftsprognose bewegt. Die drei Prognosen können außerdem für die zur Lösungsbewertung notwendigen Sensitivitätsanalysen im vierten Schritt der holistischen Distributionsplanungsmethode verwendet werden.

In Abb. 4.8 ist exemplarisch eine kontinentale Aufteilung der geplanten Umsatzentwicklung dargestellt, die je nach Bedarf auf Landesebene oder beliebig weiter aufgesplittet werden kann. Zwischen dem Periodenanfang und -ende können beliebig viele zeitliche Zwischenwerte eingefügt werden, die entweder bekannt sind, oder mit Hilfe eines Interpolationsverfahrens (z. B. lineare Interpolation) ermittelt werden.

Verkaufsregion	Umsatzwachstum für strategische Planungsperiode						
	Anfang	Zwischenzeitpunkt(e)			Ende		
	Ist	Pessimistisch	Realistisch	Optimistisch	Pessimistisch	Realistisch	Optimistisch
Umsatzwachstum gegenüber Ist	0%	80%	120%	150%	120%	150%	200%
Umsatzverteilung nach Regionen							
Summe	100%	100%	100%	100%	100%	100%	100%
Nordamerika	20%	10%	20%	28%	20%	28%	35%
Südamerika	5%	5%	5%	1%	5%	1%	1%
Westeuropa	55%	60%	55%	45%	55%	45%	30%
Osteuropa	10%	13%	10%	15%	10%	15%	20%
Asien	9%	11%	9%	10%	9%	10%	13%
Afrika	1%	1%	1%	1%	1%	1%	1%

Abb. 4.8 Prognostiziertes Umsatzwachstum nach Verkaufsregionen (exemplarisch)

Neben der geographischen Verteilung des Umsatzwachstums ist die aktuelle und die zukünftige Verteilung der Umsätze nach den derzeit verwendeten und für die Zukunft geplanten Vertriebskanälen von Interesse, da die einzelnen Vertriebskanäle zu unterschiedlichen Sendungsstrukturen führen können und gemäß Abb. 2.3 die Sendungsstruktur die vertikale Distributionsstruktur beeinflusst.

In Abb. 4.9 sind den unterschiedlichen Vertriebskanälen typische Sendungsgrößen zugeordnet, wobei alle Vertriebskanäle mit einer ähnlichen Sendungsstruktur zusammengefasst worden sind. Verbrauchermärkte, Discounter und der Großhandel werden üblicherweise mit Komplettladungen beliefert, wohingegen die Belieferung von Kauf- und Warenhäusern, Fachmärkten, des Fachhandels, in Convenience Stores und Shop-in-Shop-Geschäften zu einem hohen Anteil über Ganzpaletten und Teilladungen erfolgt. Paketsendungen fallen überwiegend bei den Vertriebskanälen E-Commerce, den Versendern (z. B. den Versandhäusern) sowie im Direktvertrieb an.

Vertriebskanal (aus Sicht des versendenden Unternehmens)		Umsatzverteilung für strategische Planungsperiode			Sendungsgröße
Indirekt	Direkt	Anfang	Zwischenzeitpunkt(e)	Ende	
Verbrauchermarkt	-/-	40%	30%	20%	Komplettladungen
Discounter					
Großhandel					
Kauf-/ Warenhaus	Shop-in-Shop-Geschäft	40%	40%	40%	Ganzpaletten/ Teilladungen
Fachmarkt					
Fachhandel					
Convenience Store					
-/-	E-Commerce	20%	30%	40%	Paketsendungen
	Versender				
	Direktvertrieb				
	Total	100%	100%	100%	Alle

Abb. 4.9 Prognostiziertes Umsatzwachstum nach Vertriebskanälen und Sendungsgrößen (exemplarisch)

Die im Vertrieb übliche Unterscheidung nach direkten und indirekten Absatzkanälen kann aus distributionslogistischer Sicht entfallen, weshalb die Angabe der zeitlichen Umsatzverteilung für die unterschiedlichen Planungsperioden auf der Ebene Sendungsgröße ausreichend ist. Falls detaillierte Zeitreihen für die Verlagerung von Umsatzanteilen von einem Vertriebskanal zu einem anderen vorliegen, können in Abb. 4.9 beliebig viele zeitliche Zwischenwerte innerhalb der Planungsperiode eingefügt werden. Sofern diese Zwischenwerte nicht oder unzureichend genau bekannt sind, können sie – z. B. linear – interpoliert werden.

Die nach Regionen und Vertriebskanälen differenzierten zeitlichen Wachstumsprognosen fließen als dreidimensionale Matrix in die Erstellung der Planungsgrundlage ein und bestimmen maßgeblich den Mengendurchsatz und die vertikale Distributionsstruktur des zu optimierenden globalen Distributionsnetzwerkes.

4.2.1.5 Anforderungen aus der Produktstrategie

Bei der Analyse der Kostentreiber in globalen Distributionsnetzwerken in Kapitel 2.5 wurde deutlich, dass sowohl die Bestandspolitik (Anzahl und Menge der Produkte je Lagerstufe) als auch die Produkteigenschaften (physikalische Eigenschaften und Wertansatz) die Lagerhaltungs-, Transport- und Kapitalkosten beeinflussen. Zur Netzwerkoptimierung und insbesondere zur Bestimmung des Kapazitätsbedarfs und der totalen Distributionskosten ist deshalb die Kenntnis der zeitlichen Entwicklung des Produktportfolios hinsichtlich seiner Breite, seiner physikalischen Eigenschaften und seiner Wertansätze erforderlich.

Die Breite des Produktspektrums ergibt sich aus der Anzahl der aktiven Verkaufsartikel zuzüglich der Neuprodukte und abzüglich der Produkte, die aus dem Produktportfolio eliminiert werden sollen. Produktvarianten sind als separate Artikel zu betrachten, wenn sie logistisch zu differenzieren sind. Des Weiteren ist die Schnittmenge aller aktiven nationalen Artikel zum Produktportfolio dazuzuaddieren Nationale Artikel werden lediglich in einem oder wenigen Märkten angeboten, da sie aufgrund ihrer Eigenschaften oder aus lokalen Marktaspekten heraus nicht ubiquitär verfügbar sein sollen.

Falls erforderlich kann, ähnlich wie bei der Planung des Umsatzwachstums, mit pessimistischen, realistischen und optimistischen Prognosen für die Anzahl der zu betrachteten Artikel gearbeitet werden, wodurch gleichzeitig das Intervall für die zur Lösungsbewertung erforderlichen Sensitivitätsanalysen definiert ist. Wie bei der Umsatzentwicklung ist es auch für das Artikelwachstum möglich, zeitliche Zwischenwerte zwischen dem Planungsperiodenanfang und -ende einzufügen oder mit interpolierten Werten in Form eines z. B. durchschnittlichen prozentualen Wachstums pro Zeiteinheit zu arbeiten (siehe Abb. 4.10).

Verkaufsregion	Artikelanzahl für strategische Planungsperiode						
	Anfang	Zwischenzeitpunkt(e)			Ende		
	Ist	Pessimis-tisch	Realis-tisch	Optimis-tisch	Pessimis-tisch	Realis-tisch	Optimis-tisch
Nettowachstum Artikelanzahl gegenüber Ist	0%	150%	120%	80%	200%	150%	100%
Verteilung Artikelanzahl nach Regionen							
Summe	100%	100%			100%		
Nordamerika	25%	25%			25%		
Südamerika	8%	8%			8%		
Westeuropa	30%	30%			30%		
Osteuropa	20%	20%			20%		
Asien	15%	15%			15%		
Afrika	2%	2%			2%		

Abb. 4.10 Prognostiziertes Wachstum des Produktportfolios (exemplarisch)

Die Betrachtung der Entwicklung der physikalischen Eigenschaften des Produktportfolios ist immer dann erforderlich, wenn das Produktspektrum inhomogen ist, bzw. die zukünftige Produktstrategie zu inhomogenen physikalischen Produkteigenschaften führen wird. Falls Abmessungen, Volumen, Gewicht, Haltbarkeit sowie die Materialeigenschaften (Bruchgefahr, Gefahrgut, etc.) stark divergieren, ist das Produktportfolio nach seinen charakteristischen physikalischen Eigenschaften zu clustern und die zeitliche Umsatzentwicklung pro Cluster zu untersuchen.

In Abb. 4.11 ist das Produktportfolio exemplarisch nach Produktlinien mit ähnlichen physikalischen Eigenschaften gruppiert und deren strategisch geplantes Wachstum hinterlegt. Zwischenwerte können in beliebiger Anzahl zwischen dem Anfang und dem Ende der Planungsperiode eingefügt werden. Die Gruppierung kann z. B. in einem hierarchischen Ansatz erfolgen, indem die Produktlinien die höchste Aggregationsstufe bilden und die Clusterung nach weiteren physikalischen Produkteigenschaften auf den untergeordneten Stufen durchgeführt wird. Darüber hinaus kann die prognostizierte Entwicklung in einer pessimistischen, realistischen und optimistischen Planungsvariante hinterlegt werden.

Produktlinie	Umsatzwachstum nach Produktlinien für strategische Planungsperiode						
	Anfang	Zwischenzeitpunkt(e)			Ende		
	Ist	Pessimis-tisch	Realis-tisch	Optimis-tisch	Pessimis-tisch	Realis-tisch	Optimis-tisch
Umsatzwachstum gegenüber Ist	0%	80%	120%	150%	120%	150%	200%
Umsatzverteilung nach Produktlinien							
Summe	100%	100%			100%		
PL_1	40%	35%			30%		
PL_2	30%	30%			30%		
PL_3	15%	15%			15%		
PL_4	10%	10%			10%		
PL_5	5%	5%			5%		
PL_6	0%	5%			10%		

Abb. 4.11 Prognostiziertes Umsatzwachstum nach Produktclustern (exemplarisch)

Wenn aktuell oder zukünftig nicht alle Produktcluster in allen Märkten angeboten werden sollen, kann dies in einer Markt-/ Produktlinienmatrix hinterlegt werden, die in die Planungsgrundlage einfließt.

Bei einem hinsichtlich seiner physikalischen Eigenschaften homogenen Produktportfolio ist eine differenzierte Betrachtung nach Produktclustern nicht erforderlich, da die zukünftige kapazitative Belastung des Distributionsnetzwerkes über das regional spezifizierte Umsatzwachstum prognostiziert werden kann.

Falls das zu betrachtende Produktportfolio physikalische Eigenschaften aufweist, die stark vom üblichen Marktangebot abweichen (z. B. sehr lange und/ oder schwere Produkte), kann dies bei der Ableitung der Planungsgrundlagen in Kapitel 4.2.2 berücksichtigt werden, indem auf Artikelebene eine Zuordnung von z. B. Strafkosten für bestimmte Produkte erfolgt.

Der Wertansatz des Produktportfolios steigt üblicherweise entlang der vertikalen Distributionsstruktur von den Beschaffungs- bis zu den Absatzmärkten an und kann auch entlang der horizontalen Distributionsstruktur für ein Produkt lieferanten-, markt- und kundenspezifisch unterschiedliche Werte aufweisen (vergleiche Abb. 2.5). In der Produktstrategie ist es nicht erforderlich die Wertentwicklung spezifischer Artikel zu betrachten, jedoch ist es notwendig strategische Entscheidungen einfließen zu lassen, die den zu berücksichtigenden Wertansatz des Produktportfolios nachhaltig ändern. Zum Beispiel könnte aus finanzpolitischen Überlegungen heraus eine teilweise oder generelle Anpassung der Zwischenverkaufspreise erfolgen.

Die Wertentwicklung der Verkaufspreise ist implizit in der Vertriebsstrategie über die Umsatzentwicklung berücksichtigt (vergleiche Kapitel 4.2.1.4), wohingegen die Betrachtung der Wertentwicklung der Einstandspreise in der Beschaffungsstrategie erfolgt (vergleiche Kapitel 4.2.1.6).

4.2.1.6 Anforderungen aus der Beschaffungsstrategie

In der Beschaffungsstrategie wird die

- Mengenentscheidung,
- Sortimentsentscheidung,
- Qualitätsentscheidung,
- (Einstands-) Preisentscheidung und
- Lieferantenentscheidung

getroffen.

Die strategische Mengenentscheidung ergibt sich aus der in der Vertriebsstrategie vorgegebenen Umsatzplanung, wohingegen die strategische Sortimentsentscheidung in der Produktstrategie definiert wurde. Die Qualitätsentscheidung ist für die Optimierung globaler Distributionsnetzwerke nicht relevant. Aus Sicht der Netzwerkoptimierung konkretisiert die Beschaffungsstrategie die in der übergeordneten Unternehmensstrategie geplante Wertentwicklung der Einstandspreise des Produktportfolios und die daraus abgeleiteten Lieferantenentscheidungen, die sowohl Make als auch Buy beinhalten können.

Gemäß der Kostentreiberanalyse in Kapitel 2.5 beeinflussen Lieferantenverlagerungen die Lagerhaltungs-, Transport- und Kapitalkosten in globalen Distributionsnetzwerken, wenn sich aufgrund der angepassten Beschaffungsstrategie insbesondere

- die Anzahl der erforderlichen Lagerstandorte,
- der Lagerplatzbedarf,
- der Transportbedarf und der Transporttarif,
- der Lagerbestand,
- sowie der Transitbestand

verändern.

In vielen Unternehmen ist zur Erreichung der Produktivitätsvorgaben auf der Beschaffungsseite eine räumliche Verlagerung der Beschaffungsquellen zu Regionen mit niedrigeren Faktorkosten (insbesondere niedrigeren Lohnkosten) zu beobachten, was neben sinkenden Einstandspreisen zu einem geographischen Auseinanderfallen der Beschaffungs- und der Absatzmärkte und zu einer Verlängerung der durchschnittlichen Distanz zwischen den Beschaffungs- und den Absatzmärkten führen kann.

Eine Verlängerung der Distanz führt zu längeren Wiederbeschaffungszeiten, die bei konstantem Lieferservice über eine Anpassung der Transportart (z. B. Luft- statt Seefracht) oder über die Erweiterung der vertikalen Distributionsstruktur (z. B. weitere Zentrallager und/ oder Umschlagpunkte) kompensiert werden muss.

Mit der Verlagerung der Beschaffungsquellen ist z. T. eine Adaption der Lagerhaltungspolitik verbunden, da Produktionsverfahren anzupassen sind und sich Einkaufskonditionen ändern können. Zum Beispiel ist es möglich, dass aufgrund von längeren Wiederbeschaffungszeiten Just-in-Time-Lieferungen zugunsten von Lagerbelieferungen aufgegeben werden müssen, bzw. Lieferantenverlagerungen zu einer Änderung der INCOTERMS (internationale Handelsklauseln) führen, wodurch die Bestände im Transit neu dem Umlaufvermögen zuzuordnen sind.

Weiterhin wird aufgrund der längeren Distanz eine bessere Auslastung der Transportmittel angestrebt, was über angepasste (häufig höhere) Bestellmengen sichergestellt werden muss, wodurch der Bestand im Transit und in der ersten Lagerstufe auf der Empfängerseite steigt.

Im Falle eines hinsichtlich seiner physikalischen Eigenschaften homogenen Produktportfolios ist das Einkaufsvolumen gemäß Abb. 4.12 nach Beschaffungsregionen zu gliedern, um Veränderungen der Distanz zwischen den

Beschaffungs- und den Absatzmärkten abzubilden. Die zeitliche Entwicklung des Einkaufsvolumens berücksichtigt die in der übergeordneten Unternehmensstrategie vorgegebene Einstandspreisentwicklung und kann ggf. in ein pessimistisches, realistisches und optimistisches Szenario sowie beliebig viele Zwischenzeitpunkte unterteilt werden. Die dargestellte Einteilung der Beschaffungsregionen kann weiter bis auf Lieferantenebene verfeinert werden, sofern diese Informationen für die zu betrachtende strategische Planungsperiode vorliegen und relevant sind.

Beschaffungsregion	Einkaufsvolumen nach Beschaffungsregion für strategische Planungsperiode						
	Anfang	Zwischenzeitpunkt(e)			Ende		
	Ist	Pessimistisch	Realistisch	Optimistisch	Pessimistisch	Realistisch	Optimistisch
Einkaufsvolumen gegenüber Ist	0%	75%	110%	130%	110%	130%	170%
Einkaufsvolumen nach Regionen							
Summe	100%	100%			100%		
Nordamerika	20%	15%			10%		
Südamerika	5%	10%			10%		
Westeuropa	50%	35%			20%		
Osteuropa	10%	15%			20%		
Asien	10%	25%			40%		
Afrika	0%	0%			0%		

Abb. 4.12 Prognostiziertes Einkaufsvolumen nach Beschaffungsregionen (exemplarisch)

Falls das Produktportfolio hinsichtlich seiner physikalischen Eigenschaften inhomogen ist, muss dem analog Abb. 4.11 gegliederten Produktportfolio die zeitlich geplante geographische Verlagerung der Beschaffungsquellen aufgeprägt werden, um eine korrekte Abbildung der Mengenströme zwischen den Beschaffungs- und den Absatzmärkten sicherzustellen, woraus in der Feinplanung die vertikale Distributionsstruktur, die Transportauslastung und die Bestellmengen optimiert werden können.

Veränderungen in der Bestandspolitik finden in der Feinoptimierung Berücksichtigung, indem der wertmäßige Übergang des Warenstroms entsprechend den vereinbarten Einkaufskonditionen auf Regions- oder im Extremfall bis auf Lieferantenebene heruntergebrochen hinterlegt sind.

4.2.2 Ableitung der Planungsgrundlagen

4.2.2.1 Datenmodell

Das Datenmodell definiert die Inhalte einer Datenbank, die als Datenelemente bezeichnet werden und enthält folgende weitere Informationen:

- Eigenschaften der Datenelemente,
- Struktur der Datenelemente,
- Abhängigkeiten von Datenelementen die zu Konsistenzbedingungen führen und
- Regeln zum Speichern, Ändern, Auffinden und Löschen von Datenelementen.

In dieser Arbeit wird mit einem relationalen Datenmodell gearbeitet, bei dem die Daten in Tabellen gespeichert sind, die in Beziehungen zueinander stehen.

Zur Optimierung globaler Distributionsnetzwerke werden unter dem Oberbegriff Planungsgrundlagen die folgenden Datenelemente zusammengefasst:

- Die Planungsdaten enthalten abstrakte Objekte, die Quellen (Produktionsstandorte und Lieferanten), Umschlagpunkte, Lagerstandorte (Zentral- und Auslieferungslager) oder Senken (z. B. Kundenstandorte) darstellen. Jede Objektklasse ist durch bestimmte Eigenschaften (z. B. Kapazitäten, Öffnungszeiten, Prozesszeiten, Standortklassen), aber nicht bezüglich ihrer geographischen Lage definiert. Die Eigenschaften der abstrakten Planungsdaten können im Rahmen der Optimierung globaler Distributionsnetzwerke auf abstrakte Planungsdaten mit einer anderen geographischen Lage vererbt werden. Allen Produktions-, Lieferanten- und Kundenstandorten, die gemäß der in Kapitel 1.1 getroffenen Abgrenzung nicht Bestandteil der Netzwerkoptimierung sind, werden die Lagekoordinaten (z. B. über die postalische Adresse) fest zugeordnet.
- Die aufgabenspezifischen Daten enthalten die Bewegungsdaten und Stammdaten, mit denen die Materialströme der Vergangenheit abgebildet werden können (z. B. Sendungsdaten, Artikelstammdaten inkl. der Prei-

se, Kunden- und Lieferantenstammdaten). Die zukünftigen aufgabenspezifischen Daten werden mittels Datenextrapolation generiert.

- Die modellspezifischen Daten beinhalten die Kostensätze für die Lagerhaltungs-, Transport- und Kapitalkosten sowie Zusatzinformationen, die eine möglichst wirklichkeitsgetreue Abbildung der Realität im Datenmodell ermöglichen (z. B. Strafkosten, Regeln für intermodale Transporte, festgelegte Standorte).
- Die geographischen Daten enthalten Informationen, die zur Geocodierung von Objekten in der Ebene und zur Bestimmung der Entfernung zwischen Objekten benötigt werden (z. B. Geocodierung von Sendungsdaten sowie von Lieferanten- und Kundenadressen, Abbildung des real existierenden Wegenetzes). Dazu werden im Einzelnen eine Ortedatei (Ortsnamen und Postleitzahlen sowie deren geographische Lage als Knotenpunkte), eine digitalisierte Wegenetzdatei (Entfernungsinformationen und Strassentypen als Kanten inkl. der erzielbaren Durchschnittsgeschwindigkeit) und eine Grenzliniendatei (Anzeige von Länder- und Staatsgrenzen zur Abbildung grenzüberschreitender Verkehre) benötigt.
- Die demographischen Daten enthalten Informationen zum Leben, Werden und Vergehen menschlicher Bevölkerungen (Bevölkerungszahl, räumliche Verteilung, Veränderungen und deren Ursachen) und werden insbesondere zur Datengenerierung von Bewegungsdaten benötigt, wenn diese nicht vorliegen (z. B. Zuordnung von Anlieferadressen zu generierten Lieferscheindaten über die Verteilung der Bevölkerungsdichte).
- Die strategischen Daten beinhalten die netzwerkstrukturbestimmenden Anforderungen und die Länge der Planungsperiode, die in Kapitel 4.2.1 definiert wurden.
- Die statistischen Daten enthalten Informationen zu den Markteinflüssen, um Sensitivitätsanalysen durchführen zu können (z. B. Entwicklung der Kostensätze, Entwicklung der Rohstoffpreise, Marktentwicklung in bestimmten Branchen, Ausfallszenarien).
- Die Zielgrößen definieren den oder die Zielwerte, nach denen das Distributionsnetzwerk optimiert werden soll (z. B. Minimierung der Distributionskosten für einen vorgegebenen Lieferservice, Maximierung des Lie-

ferservice für gegebene Distributionskosten, Ermittlung des Lieferservice und der Distributionskosten für ein gegebenes Netzwerk).

Jedes Datenelement weist die folgenden Eigenschaften auf:

- Einen Datenelementnamen zur eindeutigen Identifizierung (z. B. Lieferscheinnummer).
- Eine klare Datenelementdefinition zur Beschreibung des Datenelementes in Prosa (z. B. Lieferscheinnummer als eindeutiger Primärschlüssel der Lieferscheindatenbank).
- Einen oder mehrere Repräsentationsterme, welche die Datenklasse beschreiben (z. B. Sendungsdaten von Auslieferungslagern an Kunden).
- Eine Auflistung der erlaubten Werte (z. B. numerisch oder alphanumerisch).

Die Datenelemente werden in separaten Tabellen strukturiert abgelegt, wobei die Tabellenspalten die Datenelementnamen tragen und die Datenelemente in Datensätzen zeilenweise abgespeichert und mit einer eindeutigen Referenzierung versehen sind.

Zwischen den strategischen Informationen in globalen Distributionsnetzwerken bestehen Abhängigkeiten, die im Sinne von Plausibilitätsprüfungen zu verifizieren sind. Zum Beispiel muss der aggregierte Umsatz der einzelnen Märkte für einen bestimmten Zeitpunkt dem aggregierten Umsatz der einzelnen Produktlinien für denselben Zeitpunkt entsprechen. Ähnliches gilt für die Produktpreise auf den verschiedenen Distributionsstufen, die mit den Mengen multipliziert die jeweiligen Umsätze auf den unterschiedlichen Distributionsebenen ergeben müssen. Weiterhin müssen die Artikelgewichte und -volumina multipliziert mit der Stückzahl der jeweiligen Artikel den totalen Massen- und Volumenstrom des globalen Distributionsnetzwerkes widerspiegeln.

Die Regeln zum Speichern, Ändern, Auffinden und Löschen von Datenelementen entsprechen gängigen Datenmodellen und weisen für die Optimierung globaler Distributionsnetzwerke keine speziellen Anforderungen auf, weshalb sie hier nicht näher erläutert werden.

4.2.2.2 Prozess zur Generierung der Planungsgrundlagen

Die einzelnen Datenbanken des Datenmodells werden miteinander verknüpft, um die Planungsgrundlagen zur Optimierung globaler Distributionsnetzwerke zu generieren. Wie in Abb. 4.13 dargestellt, resultieren aus der Verknüpfung der für einen repräsentativen Zeitraum aus der Vergangenheit abgefragten

- Planungsdaten,
- aufgabenspezifischen Daten,
- modellspezifischen Daten,
- geographischen Daten und
- demographischen Daten

die Planungsgrundlagen für den Periodenanfang der strategischen Planungsperiode. Mittels dieser Verknüpfung können die historischen Material- und Werteströme eines globalen Distributionsnetzwerkes zwischen den Auslieferungslagern und den Kunden abgebildet werden. Ein Zeitraum gilt als repräsentativ, wenn er alle relevanten saisonalen Schwankungen beinhaltet.

Die Ermittlung der historischen Material- und Werteströme zwischen den Produktionswerken und Lieferanten und den Zentrallagern und Umschlagpunkten sowie den Zentrallagern und Umschlagpunkten und den Auslieferungslagern, wird über funktionale Abhängigkeiten aus den Sendungsdaten der Auslieferungslager an die Kunden berechnet.

Aus der Verknüpfung der historischen Planungsgrundlagen für den Periodenanfang mit den strategischen und statistischen Daten lassen sich die zukünftigen Planungsgrundlagen für die Zwischenzeitpunkte und das Periodenende der strategischen Planungsperiode generieren. Die zukünftigen Planungsgrundlagen können in verschiedenen Planversionen generiert und abgespeichert werden, um z. B. Sensitivitätsanalysen zur Lösungsbewertung durchführen zu können.

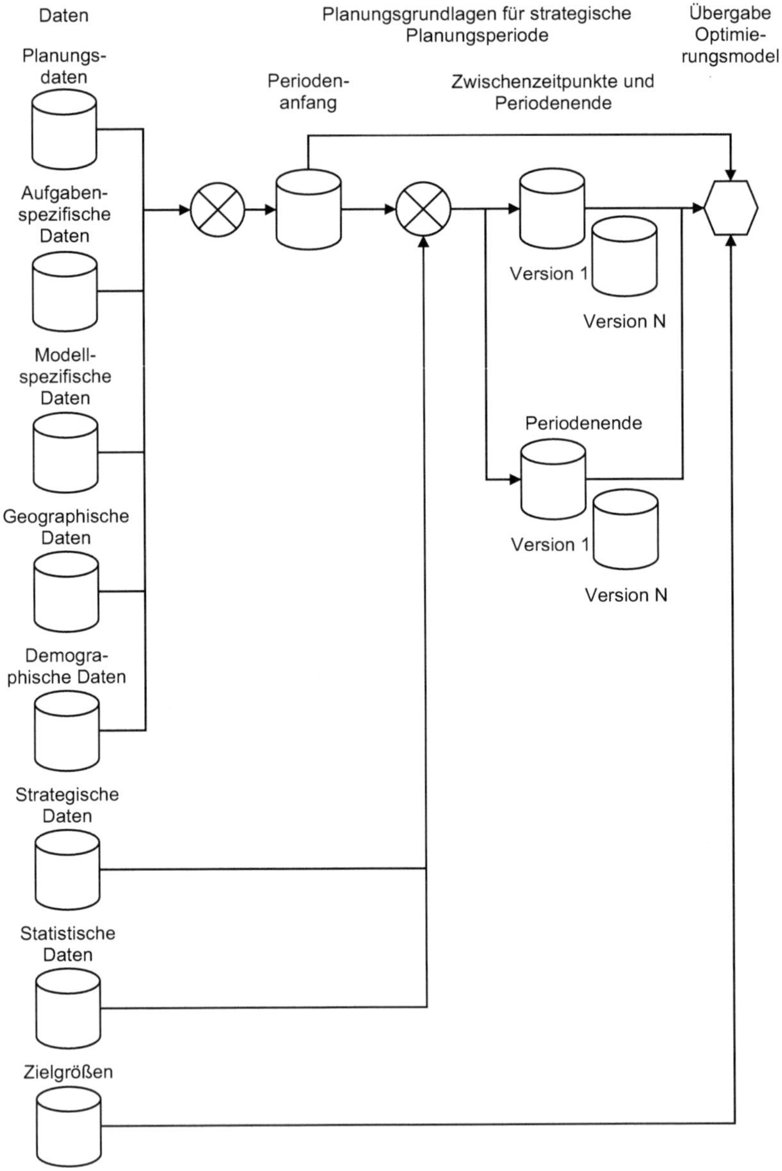

Abb. 4.13 Datenbasis und Prozessablauf zur Generierung der Planungsgrundlagen

Die Planungsgrundlagen für die strategische Planungsperiode (Periodenanfang, Zwischenzeitpunkt(e), Periodenende) und die Datenbank mit den Zielgrößen werden anschließend an das Optimierungsmodell übergeben.

Die Planungsdaten und die aufgabenspezifischen Daten stellen die Grundlage für die Netzwerkoptimierung dar. Dazu müssen die Sendungsdaten in Übereinstimmung mit GUDEHUS mindestens folgende Datenelemente beinhalten, damit die in dieser Arbeit vorgestellte Optimierungsmethode angewendet werden kann [GUDEHUS 2000, S. 309]:

- Sendungsnummer (als eindeutige Referenzierung),
- Abfahrts- oder Abholzeit und Datum sowie Ankunftszeit und Datum der Sendung,
- Absenderkennung (Adresse des Auslieferungslagers),
- Sendungsziel (Lieferadresse des Kunden oder Kundennummer),
- Sendungsinhalt (z. B. Schüttgut, Stückgut),
- Sendungsstruktur (z. B. Anzahl Packstücke pro Sendung, Positionen pro Packstück, Artikelnummer und Menge pro Position),
- Sendungsart zur Ermittlung der verwendeten Transportart (z. B. Normal-, Eil-, Termin-, Gefahrgut- oder Wertgutsendung).

Die Artikelstammdaten müssen folgende Datenelemente enthalten:

- Artikelnummer (als eindeutige Referenzierung),
- Nummer des Produktionswerkes bzw. Lieferantennummer (als eindeutige Referenzierung),
- Artikelgewicht (inkl. der Verpackung pro Stück),
- Artikelabmessungen (Länge, Breite, Höhe),
- Artikelgruppe (z. B. Zugehörigkeit zu Produktlinien),
- Produktpreise entlang der horizontalen und vertikalen Distributionsstruktur (Einstandspreis je Produktionswerk bzw. Lieferant, Zwischenverkaufspreis und Verkaufspreis je Absatzmarkt),
- Produktionszeiten pro Artikel, Artikelgruppe oder Produktionswerk und Lieferant.

Für die Lieferanten- und Kundenstammdaten gelten folgende Anforderungen hinsichtlich der zu enthaltenden Datenelemente:

- Kunden- bzw. Lieferantennummer (als eindeutige Referenzierung),

- Kunden- bzw. Lieferantenadresse (zur Bestimmung der geographischen Lage),
- Kundengruppe (z. B. zur Zuordnung von Servicepaketen).

Mit den modellspezifischen Daten werden die Kostensätze für die Lagerhaltungs-, Transport- und Kapitalkosten integriert und die historischen Material- und Werteströme modifiziert, um ein realistisches Abbild der Wirklichkeit im Optimierungsmodell zu erhalten.

Falls die Kostensätze auf den unterschiedlichen Distributionsstufen nicht für alle Kostenarten oder gar keine Kostensätze bekannt sind, können diese über eine iterative Vorgehensweise ermittelt werden. Dazu wird jeder fehlende Kostensatz der Lagerhaltungs-, Transport- und Kapitalkosten ausgehend von einem qualifiziert geschätztem Startwert so lange modifiziert, bis die bekannten absoluten Beträge für die unterschiedlichen Kostenarten erzielt werden. Grundvoraussetzung für diese Vorgehensweise ist eine sehr gute Übereinstimmung der Materialströme des Modells mit der Wirklichkeit.

Mit den geographischen Daten erfolgt die Geo-Codierung der Adressdaten der Produktionswerke und Lieferanten, Lagerstandorte und Umschlagpunkte sowie der Kunden. Das digitalisierte Wegenetz ermöglicht auf Basis der realen Entfernung und der erzielbaren Durchschnittsgeschwindigkeit die Berechnung des erzielbaren Lieferservice.

Insbesondere in heterogenen IT-Landschaften mit proprietären Systemen müssen die Bewegungs- und Stammdaten normiert werden, bevor sie im Datenmodell strukturiert abgelegt werden können. Falls Auslieferungsdaten von Systemen integriert werden müssen, die keine Lieferscheinstruktur, sondern lediglich Auftragspositionen kennen, können aus der Lieferscheinstruktur eines oder mehrerer beliebig zu wählender Referenzmärkte oder anderer Kriterien Lieferscheindaten generiert werden. Die in diesem Fall auf Lieferscheinpositionsebene vorliegenden Versandbedingungen, Auslieferungsdaten sowie Absender- und Empfängeradressen sind bei der Lieferscheingenerierung zwingend zu berücksichtigen.

Für den Fall, dass keine Auslieferungsdaten vorliegen, werden anhand eines beliebig zu wählenden Referenzmarktes oder aus anderen Vorgaben Lieferscheine generiert, wobei der historische Gesamtumsatz der betrachteten Märkte und die Verteilung des Umsatzes nach Produktlinien exakt nachzubilden sind. Die Empfängeradressen werden aus den demographischen Daten gewonnen, indem z. B. die Verteilung der Bevölkerungsdichte synonym für die Umsatzverteilung Anwendung findet und in dem jeweiligen Bevölkerungscluster ein Repräsentant als Anlieferadresse dient, der den Lieferscheinen des entsprechenden Clusters zugeordnet wird. Als Auslieferungsadresse wird die Adresse des oder der aktuell den Markt beliefernden Auslieferungslager verwendet.

Die strategischen Daten werden zur Datenextrapolation der Planungsdaten für unterschiedliche Zeiträume in der Zukunft verwendet, so dass die Lieferschein- und die Artikeldatenbank die zukünftigen Anforderungen aus dem Geschäftsmodell und der Unternehmensstrategie widerspiegeln. Dabei legt die Länge der strategischen Planungsperiode den am weitesten in der Zukunft liegenden Extrapolationszeitraum fest. Planungsdaten können z. B. für jedes Jahr der strategischen Planungsperiode oder in progressiv länger werdenden Intervallen als Zwischenwerte generiert werden.

Mit den statistischen Daten werden die Planungsdaten und die aufgabenspezifischen Daten modifiziert, um die Entwicklung von Markteinflüssen in Form von Sensitivitätsanalysen berücksichtigen zu können. Mithilfe von statistischen Datenmodifikationen kann auf diese Weise z. B. die Auswirkung einer Erhöhung der Artikelanzahl auf den Lieferservice und die totalen Distributionskosten bei konstantem Umsatz ermittelt werden, bzw. es ist möglich versicherungsmathematisch berechnete Ausfallwahrscheinlichkeiten von Standorten und deren Auswirkungen auf das Distributionsnetzwerk zu eruieren. Weiterhin können statistische Informationen bzgl. der allgemeinen Marktentwicklung z. B. zur Abschätzung der zukünftigen Kostensätze für die Transportkosten verwendet werden, um die Sensitivität der gewählten Netzwerkstruktur gegenüber Marktveränderungen zu untersuchen.

Die Zielgrößen enthalten die Werte, nach denen die Ausgangslösung in der vorgelagerten Optimierung und die Lösungsalternativen der Feinoptimierung optimiert werden sollen. Das Optimierungsmodell soll diese Vorgabewerte mit allen berechneten Lösungsalternativen möglichst exakt erfüllen.

Die Überführung der aufgabenspezifischen Daten in eine einheitliche Datenstruktur und die Verknüpfung der Datenbanken zu den Planungsgrundlagen für den Periodenanfang wird mit einer proprietären Software durchgeführt, die vom Institut für Datenanalyse und Prozessdesign der Zürcher Hochschule für angewandte Wissenschaften (IDP, Winterthur) entwickelt wurde. Mit dem gleichen Programm erfolgt auch die Datenextrapolation der Planungsgrundlagen für die Zwischenzeitpunkte und das Periodenende.

4.3 Vorgelagerte Optimierung

4.3.1 Vorgehensweise und Zielsetzung

Gemäß Kapitel 3.5 erfolgt die vorgelagerte Optimierung mit einer Methode, die der intuitiven heuristischen Optimierung angehört, wobei ein simultanes, entfernungsbasiertes Lösungsverfahren angewendet werden soll, das eine approximative Lösung des Anzahlproblems der Auslieferungslager liefert. Die Lösung des Standort-, Zuordnungs- und Stufenproblems ist Bestandteil der späteren Feinoptimierung.

Mit den von der vorgelagerten Optimierung ermittelten Ergebnissen wird das Intervall für die Anzahl der erforderlichen Auslieferungslager unter Berücksichtigung der gegebenen Parameter eines Unternehmens (z. B. Kostensätze und -funktionen) eingeschränkt. In der anschließenden Feinoptimierung kann auf Basis des eingeschränkten Lösungsraums die optimale Lösung des Planungsproblems effizienter gefunden werden.

Falls einzelne Artikel oder Artikelcluster hinsichtlich ihrer logistischen Eigenschaften stark voneinander abweichen, wird diese Information über die im Modell vorgesehene Iterationsschleife in die Planungsgrundlagen zurückgekoppelt, um mit segmentierten Distributionsnetzwerken zu planen.

Grundlage für die vorgelagerte Optimierung ist ein vom Fraunhofer Institut für Materialfluss und Logistik (IML, Dortmund) in Zusammenarbeit mit dem IDP entwickeltes Grobmodell, das die optimalen Distributionsradien für einzelne Artikel oder Artikelcluster unter Einbezug der Lagerhaltungs-, Transport- und Kapitalkosten abschätzt [VAN BONN 2007, S. 54 ff.]. Auf Basis dieser Schätzung wird intuitiv das Intervall für die Anzahl der Auslieferungslager und damit die Anzahl der in der Feinoptimierung durchzuführenden Planungsläufe festgelegt.

Die Herleitung des Modells basiert auf einem bislang unveröffentlichten Artikel von HEITZ [HEITZ 2006, S. 1 ff.] und wird unter Berücksichtigung der spezifischen Anforderungen globaler Distributionsnetzwerke ergänzt. Daran anschließend erfolgen eine Beschreibung des Lösungsverfahrens, die Darstellung der Ergebnisse und eine Betrachtung der Limitationen des Verfahrens zur vorgelagerten Optimierung.

4.3.2 Herleitung des Modells

Die Typologie des für die vorgelagerte Optimierung verwendeten Distributionsnetzwerkes besteht aus einem einstufigen Netzwerk, indem ein Massenstrom von lediglich einem Produktionswerk oder Lieferanten zu einem in der Distanz D liegenden Auslieferungslager führt, von dem die Sendungen an eine beliebige Anzahl homogen verteilter Kunden innerhalb eines kreisförmigen Distributionsgebiets erfolgen (siehe Abb. 4.14). Das Produktionswerk bzw. der Lieferant können innerhalb oder außerhalb dieser Kreisfläche liegen. Sowohl die Lage des Produktionswerkes bzw. des Lieferanten als auch der Kunden ist nicht Bestandteil der Optimierung.

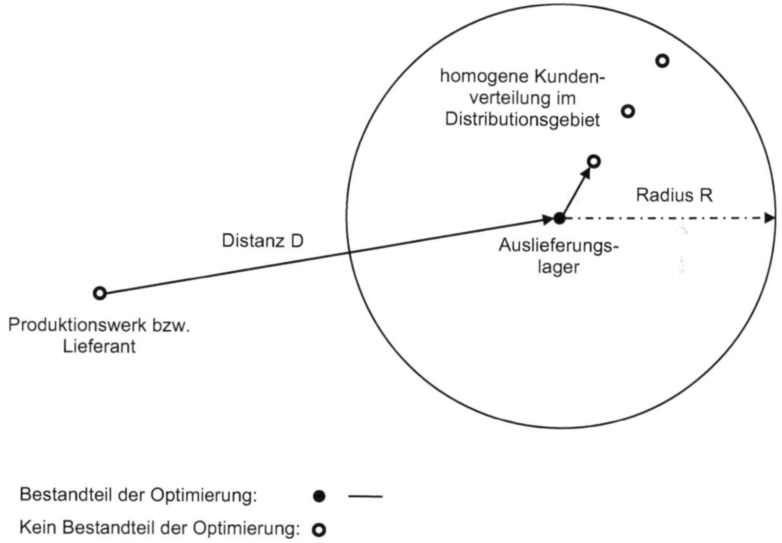

Abb. 4.14 Topologie des Distributionsnetzwerkes in der vorgelagerten Optimierung

Dieses stark vereinfachte Distributionsnetzwerk beinhaltet darüber hinaus die Lagerhaltungs-, Transport- und Kapitalkosten innerhalb des Distributionsgebiets. Ziel ist es die Stück-Distributionskosten für jeden einzelnen Artikel eines zu untersuchenden Produktportfolios in Abhängigkeit vom Distributionsradius R zu berechnen. Aus der Bestimmung der artikelspezifischen optimalen Distributionsradien, lässt sich in einem weiteren Schritt die optimale Anzahl an Auslieferungslagern ermitteln.

Dazu wird angenommen, dass die Kunden innerhalb des Distributionsgebiets unabhängig voneinander bestellen, wobei zunächst nur Bestellungen berücksichtigt werden, die den zu untersuchenden Artikel beinhalten. Da ein Auslieferungslager eine Kreisfläche beliefert, kann die Orderrate – definiert als Anzahl der Bestellungen innerhalb eines betrachteten Zeitraums – für den untersuchten Artikel nach AHRENS gemäß dem Gesetz von Poisson zu [AHRENS 1974, S. 223 ff.]

$$\lambda = n \cdot \pi \cdot R^2 \tag{1}$$

λ: Orderrate

n: Bestelldicht eines Artikels (Anzahl Bestellungen pro Fläche und Zeitraum)

R: Radius des Distributionsgebiets

berechnet werden.

Typischerweise besteht eine Bestellung aus mehreren Bestellpositionen, bei der jede Bestellposition eine bestimmte Positionsmenge eines Artikels N_{Pos} beinhaltet. Zum Beispiel ist in Abb. 4.15 die Positionsmenge der ersten Bestellposition N_1 = 1 für den Artikel A bzw. N_2 = 1.000 für den Artikel B, etc.

Bestellposition	Artikel	Bestellmenge
1	A	1
2	B	1.000
3	C	20
4	D	3

Abb. 4.15 Struktur einer typischen Kundenbestellung (exemplarisch)

Um die Distributionskosten eines Artikels zu berechnen, ist zu berücksichtigen, dass dieser in unterschiedlichen Bestellungen mit unterschiedlichen Positionsmengen pro Bestellposition und verschiedenen anderen Artikeln zusammen bestellt werden kann. Diese sogenannte Co-Bestellrate – Produkte werden gemeinsam in einer Bestellung bestellt und in derselben Lieferung ausgeliefert – beeinflusst die Distributionskosten des zu untersuchenden Artikels.

Die Co-Bestellrate M_{Pos} entspricht der Anzahl der Bestellpositionen einer Bestellung, in welcher der betrachtete Artikel enthalten ist (z. B. ist $M_{Pos} = 4$ in Abb. 4.15). Wenn nur der zu betrachtende Artikel innerhalb einer Bestellung geordert wird, beträgt die Co-Bestellrate definitionsgemäß eins.

Bei den Lagerhaltungskosten wird in Wareneingangskosten (Wareneingang und Einlagerung), Lagerplatzkosten (Infrastruktur wie z. B. Technik, Gebäude, Grundstück und Betriebskosten) und Warenausgangskosten (Kommissionieren, Verpacken und Versenden) unterschieden.

Die Wareneingangskosten werden über die totale Wiederbestellmenge eines Artikels aus der klassischen optimalen Losgrößenformel nach HARRIS innerhalb der betrachteten Periode berechnet [HARRIS 1913, S. 135 ff.]. Die Stück-Wareneingangskosten eines Artikels betragen:

$$k_{lh}^{WE} = \frac{1}{h \cdot Q} \cdot K_{LH}^{WE} \tag{2}$$

k_{lh}^{WE}: Stück-Wareneingangskosten eines Artikels

h: Bestellhäufigkeit eines Artikels

Q: Optimale Wiederbestellmenge eines Artikels

K_{LH}^{WE}: Totale Wareneingangskosten eines Artikels.

Es wird angenommen, dass jeder Artikel mit seiner optimalen Wiederbestellmenge in einer separaten Sendung an das Auslieferungslager geliefert wird. Für Artikel mit speziellen Anforderungen an die Handhabung können Zuschläge erhoben werden.

Die Warenausgangskosten werden über einen Standardkostensatz pro Auslieferung abgebildet, weshalb die sendungsbezogenen Warenausgangskosten pro Bestellposition heruntergebrochen werden müssen. Unter der Annahme dass der Handhabungsaufwand für jeden aus dem Regal zu entnehmenden Artikel größer ist als der Aufwand für das Entnehmen der entsprechenden Stückzahl eines Artikels, produziert jede Bestellposition eines Artikels folgende Stück-Warenausgangskosten:

$$k_{lh}^{WA} = E\left(\frac{1}{N_{Pos}}\right) \cdot E\left(\frac{1}{M_{Pos}}\right) \cdot K_{LH}^{WA} \tag{3}$$

k_{lh}^{WA} : *Stück-Warenausgangskosten eines Artikels*

$E\left(\frac{1}{N_{Pos}}\right)$: *Erwartungswert der Positionsmenge eines Artikels*

$E\left(\frac{1}{M_{Pos}}\right)$: *Erwartungswert der Co-Bestellrate eines Artikels*

K_{LH}^{WA} : *Standard-Warenausgangskostensatz je Sendung.*

Zur Berechnung der Stück-Warenausgangskosten eines Artikels werden die Erwartungswerte der Positionsmenge und der Co-Bestellrate des Artikels verwendet. Unter der Annahme einer sehr hohen Anzahl an Bestellungen, streben die Erwartungswerte gegen den Mittelwert der Häufigkeitsverteilung des zu untersuchenden Artikels in einer Bestellung bzw. in Kombination mit anderen Artikeln in derselben Bestellung anzutreffen.

Die Lagerplatzkosten für die Lagerinfrastruktur und die Betriebskosten werden vernachlässigt, könnten aber zu dem Modell hinzugefügt werden.

Im vorliegenden einstufigen Distributionsmodell müssen nur die Transportkosten zum Auslieferungslager (Vorholung) und vom Auslieferungslager zu den Kunden (Feinverteilung) untersucht werden. Wie in Kapitel 2.5.3 dargestellt, sind u. a. das Gewicht und die Distanz die wesentlichen Kostentreiber der Transportkosten.

Eine einfache Transportkostenfunktion, die diesen beiden Kostentreibern mit einem Fixkostenterm und einem gewicht- und distanzabhängigen Term Rechnung trägt, lautet

$$K_{TR}(G,D) = \beta_1(G,D) + \beta_2(G,D) \cdot G \cdot D \tag{4}$$

$K_{TR}(G,D)$: *Gewicht- und distanzabhängige Transportkostenfunktion*

$\beta_1(G,D)$: *Gewicht- und distanzabhängiger Fixkostenterm*

$\beta_2(G,D)$: *Gewicht- und distanzabhängiger variabler Kostenterm*

G: Transportgewicht

D: Transportdistanz.

Für den Spezialfall einer linearen Gewichtsabhängigkeit lautet die Transportkostenfunktion

$$K_{TR}(G,D) = \beta_1(D) + \beta_2(D) \cdot G \cdot D \tag{5}$$

$\beta_1(D)$: *Distanzabhängiger Fixkostenterm*

$\beta_2(D)$: *Distanzabhängiger variabler Kostenterm,*

d. h. sowohl der Fixkostenterm als auch der variable Kostenterm sind nur noch von der Transportdistanz abhängig.

Diese Transportkostenfunktion beschreibt nach LAPIERRE die Transportkosten aller Transportarten unter Vernachlässigung von Diskretisierungseffekten und Gewichtsklassen [LAPIERRE 2004, S. 174 ff.]. Die produktspezifischen und distanzabhängigen Parameter $\beta_1(D)$ und $\beta_2(D)$ können derart angepasst werden, dass sie die Tarife der verschiedenen Transportarten und evtl. entstehende produktabhängige Zusatztransportkosten (z. B. für Überlängen) korrekt nachbilden.

Für Transporte von den Produktionswerken und Lieferanten zum Auslieferungslager wird angenommen, dass der Fixkostenterm bei jedem Transport für jeden Artikel anfällt, womit sich die Stück-Transportkosten in der Vorholung zum Auslieferungslager je Artikel zu

$$k_{tr}^{Vorholung}(G,D) = \frac{1}{h \cdot Q} \cdot \beta_1(D) + \beta_2(D) \cdot G \cdot D \tag{6}$$

$k_{tr}^{Vorholung}(G,D)$: *Stück-Transportkosten eines Artikels in der Vorholung*

berechnen lassen.

Die Stück-Transportkosten zu den Kunden in der Feinverteilung können pro Artikel unter der Annahme, dass eine Kundensendung mehrere Artikel enthält, unter Vernachlässigung des Taragewichts ermittelt werden, indem der Fixkostenanteil durch den Erwartungswert der Positionsmenge und der Co-Bestellrate dividiert wird:

$$k_{tr}^{Feinverteilung}(G_S,R) = E\left(\frac{1}{N_{Pos}}\right) \cdot E\left(\frac{1}{M_{Pos}}\right) \cdot \beta_1(R) + \beta_2(R) \cdot G_S \cdot R \tag{7}$$

$k_{tr}^{Feinverteilung}(G_S,R)$: *Stück-Transportkosten in der Feinverteilung*

$\beta_1(R)$: *Distributionsradiusabhängiger Fixkostenterm*

$\beta_2(R)$: *Distributionsradiusabhängiger variabler Kostenterm*

G_S: *Sendungsgewicht aller Sendungen, des betrachteten Artikels.*

Aufgrund der unterschiedlichen Entfernung der Kunden zum Auslieferungslager divergieren die Transportkosten für die Kundensendungen innerhalb der betrachteten Distributionsfläche. Die mittleren Stück-Transportkosten eines Artikels können unter Annahme der homogenen Kundenverteilung in dem zugrunde liegenden kreisförmigen Distributionsgebiet zu

$$\overline{k}_{tr}^{Kunden} = \frac{2}{R^2} \cdot \int_0^R r \cdot \left(E\left(\frac{1}{N_{Pos}} \right) \cdot E\left(\frac{1}{M_{Pos}} \right) \cdot \beta_1(R) + \beta_2(R) \cdot G_S \right) \cdot dr \tag{8}$$

$\overline{k}_{tr}^{Kunden}$ *: Mittelwert der Stück-Transportkosten in der Feinverteilung*

berechnet werden.

Die Kapitalkosten werden in die Kapitalkosten im Lager und die Kapitalkosten im Transit unterschieden. Die Kapitalkosten im Transit werden im vorliegenden Modell vernachlässigt, könnten aber zu dem Modell hinzugefügt werden.

Die Stück-Kapitalkosten im Lager lassen sich allgemein als

$$k_{kp} = \alpha \cdot p \cdot T_{Lager} \tag{9}$$

α: *Interner Zinsfuss für das eingesetzte Kapital*

p: Artikelpreis pro Stück

T_{Lager}: *Durchschnittliche Lagerzeit eines Artikels*

ausdrücken.

Gemäß dem Gesetz von LITTLE kann die durchschnittliche Lagerzeit T_{Lager} eines Artikels auch über den durchschnittlichen Lagerbestand und die Bestellfrequenz eines Artikels beschrieben werden [LITTLE 1961, S. 383 ff.]:

$$T_{Lager} = \frac{S}{\lambda \cdot \mu} \tag{10}$$

S: Durchschnittlicher Lagerbestand eines Artikels.

Die Stück-Kapitalkosten k_{kp} pro Artikel ergeben sich mittels Einsetzen zu

$$k_{kp} = \frac{\alpha \cdot p \cdot S}{\lambda \cdot \mu}. \tag{11}$$

Der durchschnittliche Lagerbestand eines Artikels errechnet sich allgemein aus der Summe der halben Wiederbestellmenge und dem Sicherheitsbestand zu

$$S = \frac{Q}{2} + S_S \tag{12}$$

S_S: *Sicherheitsbestand eines Artikels,*
wobei sich der Sicherheitsbestand aus den stochastischen Komponenten des Bedarfs und der Wiederbeschaffungszeit bestimmen lässt.

Nach der klassischen Losgrößenformel ist die optimale Wiederbestellmenge

$$Q = \sqrt{\frac{2 \cdot \pi \cdot n \cdot K_{LH}^{WE} \cdot \mu}{h \cdot \alpha \cdot p}} \cdot R, \qquad (13)$$

woraus sich die minimalen Stück-Kapitalkosten eines Artikel innerhalb der betrachteten Periode unter Ausschluss von Diskretisierungseffekten zu

$$k_{kp} = \sqrt{\frac{2 \cdot K_{LH}^{WE} \cdot \alpha \cdot p}{h \cdot \lambda \cdot \mu}} + \frac{\alpha \cdot p \cdot S_S}{h \cdot \lambda \cdot \mu} \qquad (14)$$

berechnen lassen.

Die totalen Stück-Distributionskosten k_{db} eines Artikels ergeben sich aus der Summe der zuvor betrachteten Lagerhaltungs-, Transport- und Kapitalkosten, wobei – wie bereits erwähnt – die Lagerplatzkosten und die Kapitalkosten im Transit vernachlässigt werden:

$$k_{db} = k_{lh}^{WE} + k_{lh}^{WA} + k_{tr}^{Vorholung} + k_{tr}^{Feinverteilung} + k_{kp}. \qquad (15)$$

Eine Analyse der totalen Stück-Distributionskosten zeigt, dass die Distributionskosten eines Artikels in Abhängigkeit vom Distributionsradius berechnet werden können, wenn die folgenden Parameter bekannt sind:

- Artikeleigenschaften (Artikelgewicht, Wiederbeschaffungszeit zur Ermittlung der optimalen Wiederbestellmenge und Bestellhäufigkeit, Preis),
- Bestellverhalten der Kunden (Orderrate, Positionsmenge, Co-Bestellrate) und
- globale, nicht artikelspezifische Parameter (Wareneingangs- und Warenausgangskostensätze, Transportkostenfunktion, interner Zinsfuss).

Die reine Abhängigkeit der totalen Stück-Distributionskosten vom Distributionsradius wird im Lösungsverfahren zur vorgelagerten Optimierung angewendet, um das Anzahlproblem der Auslieferungslager approximativ zu ermitteln.

4.3.3 Lösungsverfahren

Das in Kapitel 4.3.2 beschriebene Modell ermöglicht die näherungsweise Berechnung der totalen Stück-Distributionskosten eines beliebigen Artikels in

Abhängigkeit vom Distributionsradius für ein einstufiges Distributionsnetzwerk von einem Produktionswerk oder Lieferanten zu den innerhalb einer Kreisfläche homogen verteilten Kunden.

Selbst in diesem sehr einfachen Modell ist es nicht möglich, die Distributionskosten direkt einem Produkt zuzuordnen, da diese vom Bestellverhalten der Kunden abhängen. Das Bestellverhalten kann über die Bestimmung der Orderrate, der Positionsmenge sowie der Co-Bestellrate pro Artikel berücksichtigt werden. Mit Kenntnis des Bestellverhaltens hängt der optimale Distributionsradius für ein bestimmtes Produkt nur noch von den globalen, nicht produktspezifischen Parametern ab, die von dem zu betrachteten Unternehmen gewählt werden können.

Das Modell kann zur vorgelagerten Optimierung von globalen Distributionsnetzwerken verwendet werden, indem für gegebene globale Parameter die Distributionskosten für jeden Artikel eines Produktportfolios als Funktion des Distributionsradius abgetragen werden. Die Distributionskosten werden auf der Abszisse und der Distributionsradius auf der Ordinate abgebildet. Für kleine Radien dominieren die Lagerhaltungs- und Kapitalkosten die Distributionskosten, die beide mit der Rate 1/r für zunehmende Distributionsradien abnehmen. Für große Radien dominieren die Transportkosten, da diese mit wachsendem Radius und der dadurch steigenden durchschnittlichen Transportdistanz bei weiterhin sinkenden Lagerhaltungs- und Kapitalkosten überproportional zunehmen. Der optimale Distributionsradius R_{Opt} für einen bestimmten Artikel befindet sich an der Stelle der Ordinate, an der die Distributionskostenkurve ihr Minimum aufweist (siehe Abb. 4.16).

Die Distributionskostenkurve kann folgendermaßen logistisch interpretiert werden: „Unter den getroffenen vereinfachenden Voraussetzungen gibt die Distributionskostenkurve in einem einstufigen Distributionsnetzwerk die totalen Stück-Distributionskosten eines Artikels für alle Radien des kreisförmigen Distributionsgebiets eines Auslieferungslagers von einem Produktionswerk oder einem Lieferanten bis zu den Kunden wider."

Zur Berechnung der Distributionskostenkurven kommt eine vom IDP entwickelte proprietäre Software zum Einsatz, mit der aus den aufgabenspezifischen Daten das Bestellverhalten der Kunden ermittelt und unter Einbindung der modellspezifischen Daten der optimale Distributionsradius pro Artikel berechnet werden kann.

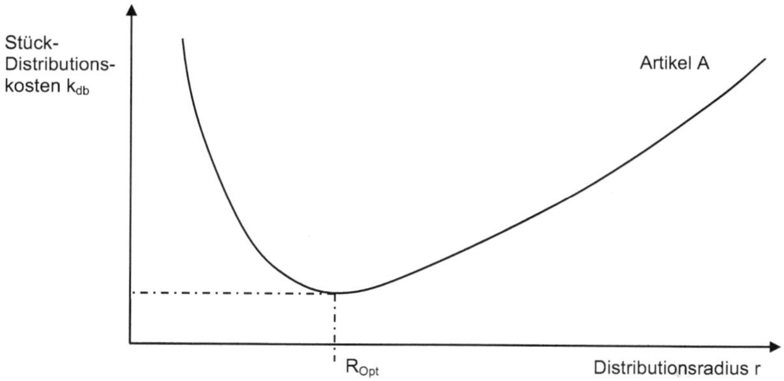

Abb. 4.16 Distributionskosten eines Produkts in Abhängigkeit vom Distributionsradius (exemplarisch)

Zwei Produkte mit demselben charakteristischen Distributionskostenverlauf weisen für alle Radien bei gleichen globalen Parametern dieselben Distributionskosten auf, weshalb diese Produkte unter logistischen Gesichtspunkten als äquivalent angesehen und in der Konsequenz auch gemeinsam distribuiert werden können. Diese Aussage lässt sich auf eine beliebige Anzahl von Produkten mit gleichen Distributionskostenverläufen erweitern, wodurch Produktcluster gebildet werden können, die ein identisches logistisches Verhalten aufweisen.

Für den Fall dass die Distributionskostenkurven für alle Artikel einen weitgehend identischen Verlauf aufweisen, kann mit einem Distributionsnetzwerk geplant werden. Falls die logistische Ausprägung einzelner Produktcluster sehr stark voneinander abweicht, sollte mit segmentierten Distributionsnetzwerken geplant werden, in denen logistisch ähnliche Produktcluster zusammen zu fassen sind. Ausschlaggebend ist dabei die Bandbreite der optimalen Distributionsradien über das gesamte Produktportfolio.

4.3.4 Ergebnisse des Modells

Die Zahl der für ein bestimmtes Distributionsgebiet benötigten Auslieferungslager berechnet sich aus dem Quotienten der zu distribuierenden Fläche und dem kreisförmigen Distributionsgebiet, das ein einzelner Standort mit dem optimalen Distributionsradius beliefern kann:

$$N_{Standort} = \frac{A_{DG}}{\pi \cdot R_{Opt}^2} \quad (16)$$

$N_{Standort}$: *Anzahl Auslieferungslager*

A_{DG}: *Fläche Distributionsgebiet*

R_{Opt}: *Optimaler Distributionsradius.*

Abhängig von der gewählten Transportart und der damit verbundenen Durchschnittsgeschwindigkeit lässt sich die mittlere Transportzeit zu

$$\overline{T}_{TR} = \frac{R_{Opt}}{\overline{v}_{TR}} \quad (17)$$

$\overline{T}_{TR}$: *Mittlere Transportzeit*

$\overline{v}_{TR}$: *Durchschnittsgeschwindigkeit*

bestimmen.

Daraus können unter Berücksichtigung aller weiteren Prozesszeiten innerhalb der Auftragsdurchlaufzeit Rückschlüsse auf den vom Distributionsnetzwerk zur Verfügung gestellten Lieferservice gezogen werden. Falls der ermittelte Lieferservice nicht den Vertriebsanforderungen genügt, kann entweder eine andere Transportart mit einer höheren Durchschnittsgeschwindigkeit oder eine höhere Anzahl an Lagerstandorten gewählt werden. Beide Möglichkeiten führen zu steigenden Distributionskosten für das betrachtete Produkt und im Falle der veränderten Transportart auch zu einem neuen optimalen Distributionsradius.

Das folgende Bespiel soll die beschriebene Vorgehensweise zur vorgelagerten Optimierung verdeutlichen:

- Das betrachtete Distributionsgebiet habe eine Fläche von 360.000 km^2 (Deutschland). Bei einem für ein bestimmtes Produktcluster und der gewählten Transportart LKW ermittelten optimalen Distributionsradius von 215 km, werden 2,5 Auslieferungslager benötigt. Unter Voraussetzung der Ganzzahligkeitsbedingung liegt die Anzahl der benötigten Lagerstandorte im Intervall zwischen 2 und 3. Intuitiv würde man z. B. ein Intervall von 1 bis 5 Auslieferungslagern definieren, für das die Feinoptimierung durchgeführt werden soll.

- Die Bandbreite des optimalen Distributionsradius betrage für das gesamte Produktportfolio 200 bis 250 km. Die weitere Planung erfolgt aufgrund der geringen Bandbreite intuitiv mit einem einzigen statt mit segmentierten Distributionsnetzwerken.
- Für LKW-Transporte betrage die Durchschnittsgeschwindigkeit 50 km/h, wodurch durchschnittlich 4 bis 4,5 Stunden Fahrzeit zur Überbrückung des optimalen Distributionsradius benötigt werden. Unter Berücksichtigung der Durchlaufzeiten für die Auftragserfassung und die Lagerprozesse erscheint eine totale Auftragsdurchlaufzeit von einem Tag für das betrachtete Produktportfolio als realistisch.

Auf Basis dieser Erkenntnisse ist der Lösungsraum für die Feinoptimierung eingeschränkt, wodurch die Optimierung des globalen Distributionsnetzwerks wesentlich effizienter erfolgen kann.

Zusammenfassend erfüllt das Modell die Vorgaben, die in der vorliegenden Arbeit an die Ermittlung der Ausgangslösung für die Feinoptimierung gestellt wurden:

- Das Anzahlproblem wird approximativ gelöst, indem die Intervallgrenzen für die Anzahl der benötigten Auslieferungslagerstandorte intuitiv bestimmt werden können.
- Über die Bildung von Artikelclustern mit identischem logistischen Verhalten wird ersichtlich, ob mit einem einzelnen oder mit segmentierten Distributionsnetzwerken geplant werden muss. Dieses Ergebnis kann in die Planungsgrundlagen zurückgekoppelt werden.
- Das Modell ermöglicht eine Grobabschätzung des zu erwartenden Lieferservice, wodurch die Anforderungen aus dem Geschäftsmodell und aus der Unternehmensstrategie überschlagsmäßig validiert werden können.

4.4 Limitationen des Modells

Die in Kapitel 4.3.2 getroffenen Vereinfachungen führen zu Abweichungen des vorgelagerten Optimierungsmodells von realen Distributionsnetzwerken, weshalb im Folgenden die Gründe für Abweichungen und die sich daraus ergebenden Größenordnungen der Fehler qualitativ zu betrachten sind.

Das Modell basiert auf einer homogenen Kundenverteilung, die in der Realität – außer in sehr großen Agglomerationen wie z. B. dem Ruhrgebiet – nicht vorkommt, wobei der maximale Distributionsradius auch in diesen Spezialfällen nicht größer als die radiale Ausdehnung der Agglomeration sein darf. Für größere Distributionsradien ist die Homogenitätsannahme nicht korrekt.

Die größte Ursache für Abweichungen von der Homogenitätsannahme sind Städte, da Auslieferungslager zur Minimierung der distanzabhängigen Transportkosten üblicherweise in der Nähe von Städten angesiedelt werden. Dadurch befinden sich eine hohe Kundendichte in der Nähe des Auslieferungslagers und nur wenige Kunden außerhalb des städtischen Einzugsgebietes, wodurch sich trotz der längeren Transportdistanz zu diesen Kunden die Transportkosten nur marginal ändern. Die Situation ändert sich, sobald eine oder mehrere weitere Städte in der Belieferungsfläche des Auslieferungslagers liegen, denn in diesem Fall muss eine große Anzahl an Kunden über eine weite Transportstrecke beliefert werden, wodurch sich die Transportkosten signifikant ändern. In der Konsequenz werden vom Modell tendenziell zu niedrige Transportkosten zu den Kunden ermittelt. Die Abweichung entsteht bei den Kunden, die sich in der Stadt in der Nähe des Auslieferungslagers befinden.

Die Größenordnung der Abweichung ist allerdings die gleiche wie bei einer homogenen Kundenverteilung, bei der die Distributionsradien größer als die durchschnittlichen Distanzen zwischen den Städten des Distributionsgebietes sind, so dass zwar die absoluten Transportkosten zu den Kunden unterschätzt werden, der optimale Distributionsradius aber korrekt bestimmt wird. Da die Abweichung für große Distributionsradien konstant ist, wird der relative Fehler der Transportkosten zu den Kunden immer kleiner, je mehr Städte sich im Einzugsgebiet eines Auslieferungslagers befinden.

Für die Kapital- und Lagerhaltungskosten gilt die gleiche Argumentation, da mit zunehmenden Distributionsradien die Anzahl der beim Auslieferungslager bestellten Artikel zunimmt. Im Fall einer homogenen Kundenverteilung werden die Kapital- und Lagerhaltungskosten überschätzt, da die Zahl der sich in der Nähe des Auslieferungslagers befindenden Kunden unterschätzt wird, wobei der relative Fehler für große Einzugsbereiche des Auslieferungslagers abnimmt.

Voraussetzung für die Abnahme der relativen Fehler der Lagerhaltungs-, Transport- und Kapitalkosten ist eine homogene Verteilung der Städte innerhalb der betrachteten Distributionsfläche, was insbesondere bei großen Distributionsradien nicht in allen Kontinenten gleichermaßen erfüllt ist. Westeuropa genügt z. B. dieser Voraussetzung weitgehend, Osteuropa und Nordamerika dagegen nicht.

Die Annahme kreisförmiger Distributionsflächen führt zu Abweichungen, da existierende Straßennetze nicht sternförmig angelegt sind. Eine Möglichkeit den Fehler zu reduzieren besteht darin, die zu betrachtende Distributionsfläche in Gebiete aufzuteilen, deren nichtkreisförmige Flächen in äquivalente Kreisflächen mit dem Radius R umgerechnet werden. Mit diesem Ansatz skalieren die Anzahl der Kunden (proportional zu R^2) und die Transportdistanz (proportional zu R) entsprechend dem zugrunde liegenden Modellansatz.

Das Modell basiert des Weiteren auf der Annahme, dass nur ein Produktionswerk bzw. Lieferant das komplette Produktportfolio an die Auslieferungslager liefert. In Distributionsgebieten, bei denen der überwiegende Anteil des Massenstroms aus anderen Kontinenten über ein Zentrallager bzw. einen Umschlagpunkt an die Auslieferungslager verteilt wird, ist diese Annahme zulässig. Sobald der Massenstrom im Distributionsgebiet aus vielen Quellen an die Auslieferungslager geliefert wird, führt diese Annahme zu einer Unterschätzung der Transportkosten zu den Auslieferungslagern. Um das Problem zu reduzieren, kann der geographische Schwerpunkt aller Massenströme der Produktionswerke und der Lieferanten innerhalb eines Distributionsgebietes ermittelt und die durchschnittliche Distanz von diesem Punkt zu den Auslieferungslagern für die vorgelagerte Optimierung verwendet werden.

Eine weitere Schwierigkeit ergibt sich daraus, dass die durchschnittliche Distanz des Produktionswerkes bzw. des Lieferanten mit der Anzahl der erforderlichen Auslieferungslager variiert. Da die Distanz aufgrund der Annahme einer zentralen Quelle im Allgemeinen groß gegenüber den Distributionsradien ist, fällt der Fehler gering aus, zumal die Transportkosten für die Feinverteilung an die Kunden in der Praxis meistens deutlich größer sind als die Transportkosten an die Auslieferungslager.

Das Modell berücksichtigt nicht alle in Kapitel 2.5 diskutierten Kostentreiber:

- Die bereits erwähnte Vernachlässigung der Lagerplatzkosten führt zu einer Unterbewertung der Lagerhaltungskosten, wodurch die optimalen Distributionsradien tendenziell zu klein ausfallen.
- Bei den Kapitalkosten werden nur die Lagerbestände, nicht aber die Bestände im Transit von dem Produktionswerk bzw. Lieferanten berücksichtigt. Insbesondere bei langen Wiederbeschaffungszeiten sind dadurch die Kapitalkosten im Modell unterrepräsentiert, wodurch die absoluten Distributionskosten zu niedrig abgeschätzt, die optimalen Distributionsradien aber nicht beeinflusst werden.
- Sämtliche Auslieferungslager werden als Vollsortimenter betrachtet, es sei denn die Bandbreite der optimalen Distributionsradien wird so groß, dass segmentierte Distributionsnetzwerke zur Anwendung kommen. Die Möglichkeit bestimmte Artikelgruppen nur in ausgewählten Auslieferungslagern eines Netzwerkes zu lagern besteht nicht. Der daraus resultierende Fehler auf die Distributionskosten ist allerdings im Vergleich zu den Auswirkungen der anderen Modellvereinfachungen vernachlässigbar.

Sofern die diskutierten Modellvereinfachungen und die sich daraus ergebenden Konsequenzen bei der Abbildung eines konkreten Planungsproblems ausreichend berücksichtigt werden, lassen sich mit dem vorgestellten Verfahren zur vorgelagerten Optimierung globaler Distributionsnetzwerke ausreichend genaue Ausgangslösungen ermitteln.

4.5 Feinoptimierung

4.5.1 Vorgehensweise und Zielsetzung

Wie in Kapitel 3.5 definiert, erfolgt die Feinoptimierung mit einer Methode der diskursiven heuristischen Optimierung unter Einsatz eines sukzessiven, wegenetzbasierten Lösungsverfahrens, das temporäre Lösungsverschlechterungen zulässt. Mit diesem Lösungsverfahren werden das Anzahl-, Standort-, Zuordnungs- und Stufenproblem approximativ gelöst, wobei das in der vorgelagerten Optimierung ermittelte Lösungsintervall des Anzahlproblems als Ausgangslösung für die Feinoptimierung dient.

Ziel der Feinoptimierung ist es den Lieferservice und die Distributionskosten von den weltweiten Beschaffungsmärkten bis zu den Kunden in den Absatzmärkten für gegebene Distributionsnetzwerke zu ermitteln und auf Basis der in Kapitel 4.2 in den Planungsgrundlagen formulierten Anforderungen und Zielgrößen optimale Netzwerkstrukturen für beliebige zukünftige Zeitpunkte innerhalb der betrachteten strategischen Planungsperiode zu berechnen.

Zunächst wird die dem Modell zugrunde liegende Netzwerktopologie beschrieben. Im Anschluss daran erfolgt die Abbildung des Lieferservice unter Berücksichtigung der in Kapitel 2.4 diskutierten netzwerkstrukturbestimmenden Leistungstreiber. Im nächsten Schritt werden die Kostentreiber der verschiedenen Kostenarten in das Modell integriert. Mit der sich daran anschliessenden modellhaften Abbildung der Mengen und der Kostensätze können die Lagerhaltungs-, Transport- und Kapitalkosten und somit die totalen Distributionskosten gemäß Kapitel 2.5 berechnet werden.

Ein wesentlicher Unterschied zur vorgelagerten Optimierung ist, dass das Modell der Feinoptimierung alle der in Kapitel 3.3 betrachteten typischen Eigenschaften globaler Distributionsnetzwerke berücksichtigt:

- Beliebige Anzahl und beliebige globale Verteilung der Produktionswerke und Lieferanten, wobei ein Artikel in mehreren Produktionswerken produziert bzw. von mehreren Lieferanten geliefert werden kann,
- beliebige Anzahl und beliebige globale Verteilung der Kunden,
- mehrstufige vertikale Distributionsstrukturen,
- kapazitierte Zentral- und Auslieferungslager sowie Umschlagpunkte,
- kapazitierte Transportmittel auf allen Transportwegen zu den Auslieferungslagern (jedoch keine kapazitierten Netzwerkkanten),
- beliebige wegenetzbasierte und grenzüberschreitende Transportwege,
- mehrere Verkehrsträger und intermodale Transporte,
- differenzierte Kostenfunktionen und
- mehrere Zielfunktionen.

Zur Lösung des Optimierungsproblems wird ein vom IML konzipiertes Planungsverfahren angewendet, das für die in dieser Arbeit vorgestellte Optimierungsmethode mit zusätzlichen Funktionen zur Optimierung der Mengenströme in der Vorholung und zur Kapazitätsbetrachtung in den Knotenpunkten erweitert wurde. In diesem Zusammenhang erfolgen eine Erläuterung des Verfahrensablaufs und der Standardmodule sowie der Zusatzfunktionen. Im Anschluss daran werden die Ergebnisse der Feinoptimierung beschrieben und die Limitationen des Modells sowie deren qualitativen Auswirkungen auf das Planungsresultat diskutiert.

4.5.2 Herleitung des Modells

4.5.2.1 Netzwerktopologie

Das Modell zur Feinoptimierung basiert auf der in Abb. 4.17 dargestellten Netzwerktopologie und beinhaltet alle Knoten und Kanten, die Bestandteil der Optimierung sind. Dies sind alle Auslieferungslager, Zentrallager und die Umschlagpunkte sowie die Transporte von den Produktionswerken und Lieferanten bis zu den Kunden. Die Standorte der Produktionswerke und Lieferanten sowie der Kunden können zwar in den Planungsgrundlagen für verschiedene Zeitpunkte und Planversionen innerhalb der strategischen Planungsperiode variiert werden, sind aber nicht Bestandteil der Netzwerkoptimierung.

Die Knotenpunkte des Netzwerkes sind im Modell über folgende Kanten verbunden, welche über Transporte abgebildet werden:

- Jedes Produktionswerk und jeder Lieferant kann jeden Umschlagpunkt, jedes Zentrallager und jedes Auslieferungslager beliefern (M:N-Beziehung).
- Jeder Umschlagpunkt kann jedes Zentrallager und jedes Auslieferungslager beliefern (M:N-Beziehung).
- Jedes Zentrallager kann jedes Auslieferungslager beliefern (M:N-Beziehung).
- Einem Auslieferungslager werden als Ergebnis der Netzwerkoptimierung bestimmte Kunden fest zugeordnet, sodass jeder Kunde alle Lieferungen von exakt einem Auslieferungslager erhält (1:N-Beziehung).

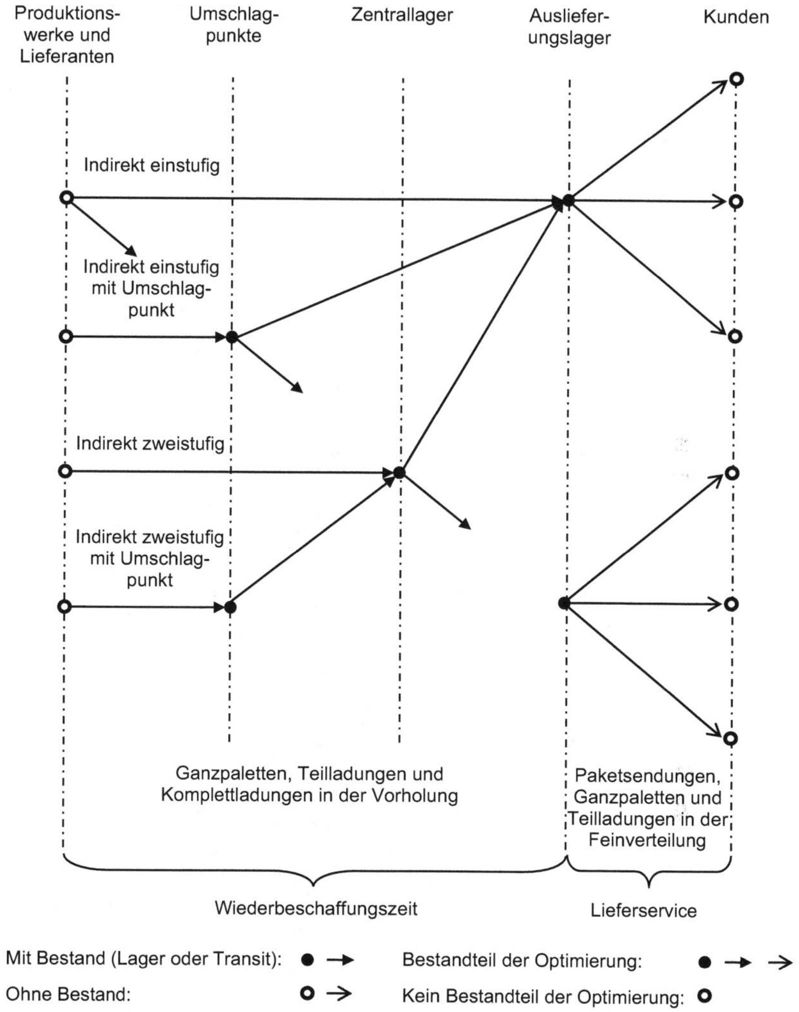

Abb. 4.17 Topologie des Distributionsnetzwerkes in der Feinoptimierung

Prinzipiell könnten in dem Modell auch weitere vertikal kaskadierte Zentrallagerstufen und Umschlagpunkte abgebildet werden, jedoch sind solche Netzwerktopologien in der Praxis selten vorzufinden, weshalb sich die weiteren

Untersuchungen ohne Beschränkung der Allgemeinheit auf jeweils eine vertikale Zentrallager- und Umschlagpunktebene beschränken.

Die Vorholungen von den Produktionswerken und Lieferanten zu den Auslieferungslagern können ausschließlich über die folgenden Distributionswege und Distributionsstufen erfolgen (vergleiche Abb. 2.3):

- Indirekt einstufig unter Umgehung der Umschlagpunkte und Zentrallager,
- indirekt einstufig mit einem Umschlagpunkt ohne Zentrallagerstufe,
- indirekt zweistufig über eine Zentrallagerstufe ohne Umschlagpunkt sowie
- indirekt zweistufig mit Umschlagpunkt und Zentrallagerstufe.

Direkte Lieferungen von den Produktionswerken und Lieferanten an die Kunden unter Umgehung der Auslieferungslager sind nicht vorgesehen, da davon ausgegangen wird, dass die Kunden im Regelfall keine eigenen Lagerstandorte unterhalten, in denen sie Komplettladungen zwischenlagern können.

Die Sendungsgrößen aller Transporte von den Produktionswerken und Lieferanten an die Auslieferungslager können aus Ganzpaletten, Teilladungen oder Komplettladungen bestehen. Paketsendungen von Produktionswerken und Lieferanten an Auslieferungslager sind nicht vorgesehen, da die Vorholungen üblicherweise auf großen Wiederbestellmengen basieren, deren Versand in Paketen unökonomisch wäre. Von den Auslieferungslagern werden nur Paketsendungen und Ganzpaletten bzw. Teilladungen versendet, da – wie oben erwähnt – üblicherweise bei den Kunden keine Lagerkapazitäten für Komplettladungen vorhanden sind.

Die Summe der Lagerbestände (Zentral- und Auslieferungslager) und der Transitbestände (Umschlagpunkte, Transporte zu den Auslieferungslagern) entspricht dem totalen Bestand des betrachteten Distributionsnetzwerks. Die evtl. vorhandenen Lagerbestände in den Produktionswerken sowie bei den Lieferanten und Kunden werden nicht betrachtet, da diese Knotenpunkte nicht Gegenstand der Netzwerkoptimierung sind. Die Warenströme auf den Transportwegen von den Auslieferungslagern zu den Kunden zählen, wie in Kapitel 2.5.4 erläutert, nicht zum Transitbestand.

4.5.2.2 Leistungstreiber

Die Berechnung des mit einer bestimmten Netzwerkstruktur erzielbaren Lieferservice erfolgt für die Auslieferungslagerstufe und die Transporte zu den Kunden entsprechend der in Kapitel 2.4 diskutierten Performance Indikatoren und Leistungstreiber.

Der Performance Indikator Lieferzeit beinhaltet als Leistungstreiber die totale Auftragsdurchlaufzeit, die minimal für einen Kundenauftrag zur Verfügung steht und zwischen den Intervallgrenzen „Spätester Zeitpunkt Bestelleingang" und „Spätester Anlieferzeitpunkt Kunde" liegt (siehe Abb. 4.18). Die Lieferzeit enthält die Prozesszeiten für

- die Auftragserfassung der Kundenaufträge inkl. aller Pausen- und Schließzeiten, in denen keine Aufträge erfasst werden können,
- die Prozesszeiten für das Kommissionieren, Verpacken und Verladen von Kundenaufträgen im Auslieferungslager inkl. aller Pausen- und Schließzeiten sowie
- die Transportzeit für die Transporte von den Auslieferungslagern zu den Kunden inkl. aller Pausen- und Stillstandzeiten.

Im Modell der Feinoptimierung wird die Nettofahrzeit als Ausschnitt aus der gesamten Transportzeit ohne Pausen- und Stillstandzeiten betrachtet. In den Stillstandzeiten können z. B. auch Zeiten für die Verzollung bei Transporten über Zollgrenzen oder Wartezeiten auf Fähren etc. enthalten sein.

Mit der Nettofahrzeit kann auf Basis der vom Strassentyp abhängigen Durchschnittsgeschwindigkeit die maximal mögliche Distanz ermittelt werden, die auf dem digitalisierten Wegenetz von dem betrachteten Transportmittel zurückgelegt werden kann. Grenzübertritte mit oder ohne Verzollung werden über eine Verkürzung der Nettofahrzeit und einer Verlängerung der Stillstandzeit abgebildet. Die für eine vorgegebene Lieferzeit maximal möglichen Distanzen werden zur Lösung des Anzahl- und des Standortproblems der Auslieferungslager bzw. zur Berechnung der Lieferzeit einer existierenden Netzwerkstruktur im Status quo verwendet.

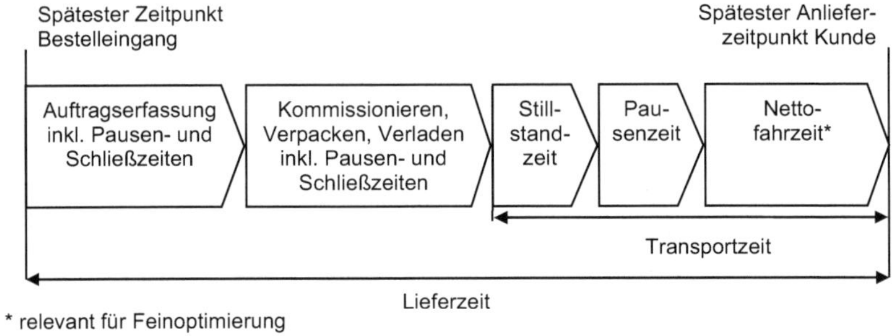

Abb. 4.18 Abbildung der Lieferzeit im Modell der Feinoptimierung

Der Performance Indikator Lieferbereitschaft beinhaltet die Leistungstreiber Warenverfügbarkeit und die Einhaltung der Lieferzeit. In einem Produktportfolio mit einer großen Artikelanzahl, was in globalen Distributionsnetzwerken im Allgemeinen der Fall ist, besteht ein Kundenauftrag typischerweise aus mehreren unterschiedlichen Artikeln in unterschiedlichen Mengen. Die Lieferbereitschaft drückt die Wahrscheinlichkeit aus, mit der die Kundenaufträge innerhalb der Periode T erfüllt und innerhalb der versprochenen Lieferzeit ausgeliefert werden können.

Ein beliebiger Kundenauftrag gilt als erfüllt, wenn alle Artikel in der gewünschten Menge im Bestand des Auslieferungslagers verfügbar sind und in einer Kundensendung vollständig ausgeliefert werden können. In diesem Fall wird die Warenverfügbarkeit auf 1 gesetzt. Der Auftrag ist nicht erfüllt, wenn ein oder mehrere Artikel eines Kundenauftrags gar nicht oder nur in Teilmengen versendet werden können. Die Warenverfügbarkeit wird in diesem Fall auf 0 gesetzt (siehe Abb. 4.19).

Die Warenverfügbarkeit L_V für eine beliebige Anzahl von Sendungen berechnet sich als Prozentwert aus dem Quotienten aller erfüllten Sendungen innerhalb eines Servicepakets und der Anzahl aller Sendungen innerhalb der Periode T des betrachteten Distributionsgebiets zu:

$$L_V(Servicepaket) = \frac{N_{Sendung}(L_V = 1)}{N_{Sendung}}\Big|_T . \tag{18}$$

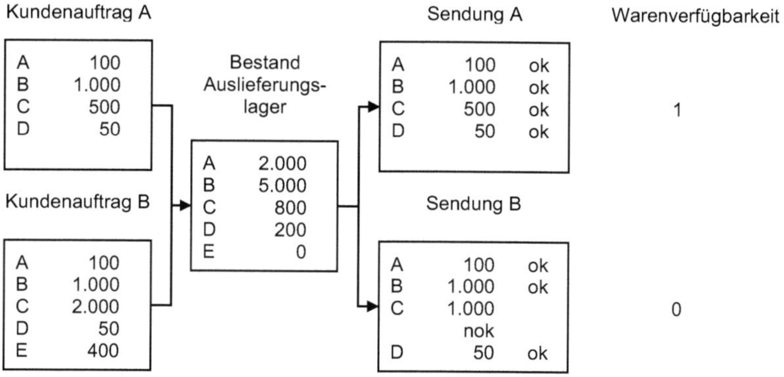

Abb. 4.19 Abbildung der Warenverfügbarkeit im Modell der Feinoptimierung (exemplarisch)

Die totale Warenverfügbarkeit eines Distributionsnetzwerkes innerhalb der Periode T resultiert aus der Summe der Warenverfügbarkeiten aller Servicepakete:

$$L_V = \sum L_V(Servicepaket)|_T \,. \tag{19}$$

Die Einhaltung der Lieferzeit L_Z wird vom Modell auf Sendungsebene als Prozentwert berechnet, indem pro Servicepaket und Periode T die Anzahl der Sendungen, welche die Kunden innerhalb der Lieferzeit erreicht haben, durch die gesamte Anzahl der Sendungen im betrachteten Distributionsgebiet dividiert wird:

$$L_Z(Servicepaket) = \frac{N_{Sendung}\left(t_{Transport} \leq t_{Nettofahrzeit}\right)}{N_{Sendung}}\Big|_T \,. \tag{20}$$

Die Einhaltung der Lieferzeit über alle Servicepakete einer Periode T resultiert aus der Summe der Einhaltung der Lieferzeit pro Servicepaket:

$$L_Z = \sum L_Z(Servicepaket)|_T \,. \tag{21}$$

Der Lieferservice L_S lässt sich pro Servicepaket aus der Multiplikation der Warenverfügbarkeit und der Einhaltung der Lieferzeit ermitteln:

$$L_S(Servicepaket) = L_V(Servicepaket) \cdot L_Z(Servicepaket) \,. \tag{22}$$

Der totale Lieferservice eines Distributionsnetzwerkes ergibt sich aus der Multiplikation der totalen Warenverfügbarkeit mit der Einhaltung der Lieferzeit für alle Sendungen und Servicepakete innerhalb der betrachteten Periode und des betrachteten Distributionsgebiets zu:

$$L_S = L_Z \cdot L_B \,. \tag{23}$$

4.5.2.3 Kostentreiber

Zur Berechnung der totalen Distributionskosten werden die Kostentreiber der Lagerhaltungs-, Transport- und Kapitalkosten im Modell abgebildet. In das Modell der Feinoptimierung sind insgesamt 14 Kostentreiber zu integrieren, damit die relevanten Kostenarten wirklichkeitsgetreu abgebildet werden können (siehe Abb. 4.20):

Lagerdurchsatz

Der Lagerdurchsatz in den Auslieferungslagern wird analog der vorgelagerten Optimierung über die Anzahl der ausgelieferten Sendungen und die Anzahl der eingehenden Auftragszeilen beschrieben. Die Anzahl der ausgelieferten Sendungen resultiert aus den historischen und den extrapolierten Sendungsdaten, die Teil der aufgabenspezifischen Daten sind. Die Anzahl der angelieferten Auftragszeilen wird pro Artikel aus dem mittleren Bestand einer Periode T und der optimalen Wiederbestellmenge ermittelt.

Der Lagerdurchsatz in den Zentrallagern und den Umschlagpunkten wird über die Anzahl der angelieferten und die Anzahl der ausgelieferten Auftragszeilen berechnet. Die Anzahl der ausgelieferten Auftragszeilen entspricht dem Total der eingehenden Auftragszeilen der Auslieferungslager. Die Anzahl der eingehenden Auftragszeilen wird aus dem mittleren Bestand und der optimalen Wiederbestellmenge analog den Auslieferungslagern ermittelt.

Lagerhaltungspolitik

Da nur Bestandsmittelwerte innerhalb einer Periode T betrachtet und die konstanten Wiederbestellmengen Q in äquidistanten Zeitabständen r abgerufen werden, handelt es sich bei der im Modell abgebildeten Lagerhaltungspolitik um eine r,Q-Politik.

Kostentreiber	Lager-haltungs-kosten	Trans-portkos-ten	Kapital-kosten	Abbildung im Modell der Fein-optimierung
Lagerdurchsatz	x			Auslieferungslager Eingang: Anzahl Auftragszeilen Ausgang: Anzahl Sendungen Zentrallager Eingang und Ausgang: Anzahl Auftragszeilen
Lagerhaltungspolitik	x		x	r,Q-Politik, Bestandsmittelwerte
Lagerstufe			x	Netzwerktopologie
Lieferservice	x	x	x	Lieferzeit, Lieferbereitschaft
Markteinflüsse	x	x		Statistische Daten, Extrapolation der Planungsgrundlagen
Schwankung der Nachfrage	x		x	Konstanter Aufschlagfaktor für Sicherheitsbestände
Transportart		x		Fixkostensatz und variabler Kostensatz pro Sendung und Transportart
Transportdistanz		x	x	Wiederbeschaffungszeit, Durchschnittsgeschwindigkeit und digitales Wegenetz
Transportgewicht		x		Massenstrom
Transportmittelauslastung		x		Definierte Transportmitteleinheiten und Durchschnittsauslastung
Transportstufe			x	Netzwerktopologie
Transportvolumen		x		Volumenstrom
Wiederbeschaffungszeit	x		x	Modulare Zeitkomponenten
Wiederbestellmenge			x	Optimale Losgrößenformel

Abb. 4.20 Abbildung der Kostentreiber im Modell der Feinoptimierung

Lagerstufe

Abhängig von der Lagerstufe werden die entsprechenden Wertansätze zur Berechnung der Kapitalkosten im Lager aus den modellspezifischen Daten entnommen. Die Lagerstufe ergibt sich unmittelbar aus der Netzwerktopologie und den Eigenschaften der Planungsdaten.

Lieferservice

Der Lieferservice wird als Kostentreiber genauso wie als Leistungstreiber über die Lieferzeit und die Lieferbereitschaft abgebildet.

Markteinflüsse

Die Markteinflüsse liegen in Form der statistischen Daten vor und werden bei der Extrapolation der Planungsgrundlagen berücksichtigt.

Schwankung der Nachfrage

Die Schwankung der Nachfrage ist in den Sendungsdaten und bei der Extrapolation der Planungsgrundlagen implizit enthalten. Aufgrund der Tatsache, dass das Modell nur mit mittleren Beständen operiert, hat die Schwankung der Nachfrage keinen Einfluss auf die Optimierung des Distributionsnetzwerkes. Ihr wird nur durch einen konstanten Aufschlagsfaktor für den Sicherheitsbestand Rechnung getragen.

Transportart

Die Transportart wird in der Praxis in Abhängigkeit vom Transportbedarf (Gewicht, Volumen, Distanz) und ggf. weiterer Kriterien (z. B. der Transportroute) ausgewählt. Im Modell erfolgt die Abbildung der Transportart über einen Fixkostensatz pro Sendung und einem variablen Kostensatz in Abhängigkeit von Gewicht, Volumen und Distanz in Form von Transportkostenfunktionen, die ab einer gewissen Distanz stark progressiv ansteigen und dadurch den Wechsel auf eine andere Transportart (z. B. Luftfracht- oder Expresssendungen) beinhalten.

Intermodale Transporte werden in Matrizen beschrieben, über die in Abhängigkeit von der Route unterschiedliche Transportarten bzw. Transportkostenfunktionen miteinander kombiniert werden können.

Transportdistanz

Die maximal mögliche Distanz, die innerhalb der zur Verfügung stehenden Transportzeit in der Vorholung bzw. der Feinverteilung zurückgelegt werden kann, resultiert aus der erzielbaren Durchschnittsgeschwindigkeit der jeweiligen Transportart auf dem digitalisierten Wegenetz.

Transportgewicht

Das Transportgewicht resultiert aus den Massenströmen auf den Netzwerkkanten zwischen zwei Knotenpunkten des Netzwerkes und ist ein Resultat der Lösung des Zuordnungsproblems.

Transportmittelauslastung

Die Transportmittelauslastung wird als durchschnittliche Auslastung definierter Transportmitteleinheiten abgebildet. Sie lässt sich für ein bestehendes Netzwerk ermitteln und als konstanter oder für zukünftige Szenarien veränderlicher Wert in den statistischen Daten hinterlegen.

Transportstufe

Abhängig von der Transportstufe werden die entsprechenden Wertansätze zur Berechnung der Kapitalkosten im Transit aus den modellspezifischen Daten entnommen. Die Lagerstufe ergibt sich unmittelbar aus der Netzwerktopologie und den Eigenschaften der Planungsdaten.

Transportvolumen

Das Transportvolumen resultiert aus den Volumenströmen auf den Netzwerkkanten zwischen zwei Knotenpunkten des Netzwerkes und ist ein Resultat der Lösung des Zuordnungsproblems.

Wiederbeschaffungszeit

Die Wiederbeschaffungszeit beinhaltet den kompletten Zeitraum vom Bestelleingang bei den Produktionswerken bzw. Lieferanten bis zur Einlagerung in den Auslieferungslagern (siehe Abb. 4.21). Abhängig vom gewählten Distributionsweg, setzt sich die Wiederbeschaffungszeit zwischen der Produktionszeit und dem Zeitbedarf für die Warenannahme und Einlagerung in den Auslieferungslagern aus den folgenden Zeitkomponenten modular zusammen:

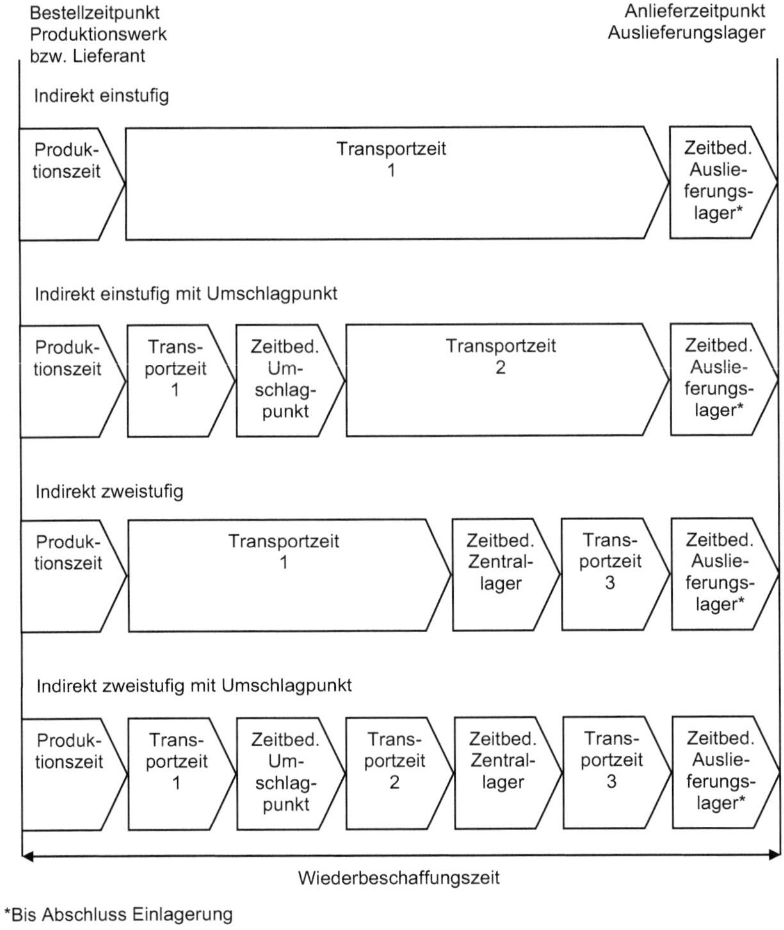

Abb. 4.21 Abbildung der Wiederbeschaffungszeit im Modell der Feinoptimierung

- Indirekt einstufig: nur Transportzeit 1,
- indirekt einstufig mit Umschlagpunkt: Transportzeit 1 + Zeitbedarf Umschlagpunkt + Transportzeit 2,
- indirekt zweistufig: Transportzeit 1 + Zeitbedarf Zentrallager + Transportzeit 3,

- indirekt zweistufig mit Umschlagpunkt: Transportzeit 1 + Zeitbedarf Umschlagpunkt + Transportzeit 2 + Zeitbedarf Zentrallager + Transportzeit 3.

Die einzelnen Zeitbausteine sind wie folgt charakterisiert:

- Die Produktionszeit beinhaltet alle direkt und indirekt produktiven Prozesszeiten vom Bestelleingang bei einem Produktionswerk bzw. Lieferanten bis zum Versandzeitpunkt der bestellten Ware. Sie kann pro Produktionswerk bzw. Lieferant festgelegt werden oder auf Artikelgruppen oder einzelne Artikel heruntergebrochen werden.
- Die Transportzeit 1 beschreibt den gesamten Zeitbedarf für den Transport von einem Produktionswerk bzw. Lieferanten bis zum ersten Empfangsknotenpunkt im Distributionsnetzwerk, der ein Umschlagpunkt, Zentral- oder Auslieferungslager sein kann. Die Transportzeit 1 ist variabel und hängt von der gewählten Transportart (bzw. den gewählten Transportarten bei intermodalen Transporten), dem Wegenetz und der Distanz zwischen der Quelle und dem Ziel ab.
- Der Zeitbedarf in einem Umschlagpunkt beinhaltet alle direkt und indirekt produktiven Prozesszeiten, die zum Umschlagen der Güter erforderlich sind. Für alle Umschlagpunkte gilt aus Gründen der Vereinfachung unabhängig von ihrer geographischen Lage die gleiche Zeitspanne.
- Die Transportzeit 2 enthält den Zeitbedarf für den Transport vom ersten (Umschlagpunkt oder Zentrallager) zum zweiten Knotenpunkt des Netzwerkes (Zentral- oder Auslieferungslager). Die Transportzeit 2 ist ebenfalls variabel und hängt von der gewählten Transportart (bzw. den gewählten Transportarten bei intermodalen Transporten), dem Wegenetz und der Distanz zwischen der Quelle und dem Ziel ab.
- Der Zeitbedarf für ein Zentrallager beinhaltet alle direkt und indirekt produktiven Prozesszeiten, die von der Warenannahme bis zum Versenden der Waren erforderlich sind. Für alle Zentrallager gilt unabhängig von ihrer geographischen Lage die gleiche Zeitspanne.
- Die Transportzeit 3 enthält den Zeitbedarf für den Transport vom zweiten Knotenpunkt des Netzwerkes (Umschlagpunkt oder Zentrallager) zu einem Auslieferungslager. Die Transportzeit 3 ist variabel und hängt von der gewählten Transportart (bzw. den gewählten Transportarten bei

intermodalen Transporten), dem Wegenetz und der Distanz zwischen der Quelle und dem Ziel ab.

- Der Zeitbedarf für ein Auslieferungslager enthält alle direkt und indirekt produktiven Prozesszeiten, die von der Warenannahme bis zum Einlagern anfallen. Für alle Auslieferungslager gilt unabhängig von ihrer geographischen Lage die gleiche Zeitspanne.

Die beschriebene modulare Abbildung der einzelnen Zeitkomponenten ermöglicht es die Wiederbeschaffungszeit für die unterschiedlichen Distributionswege in der Vorholung mit einem einfachen Regelwerk analytisch abzubilden und die innerhalb der zur Verfügung stehenden Transportzeit überbrückbaren Distanzen unter Nutzung des digitalisierten Wegenetzes mit hinterlegten Durchschnittsgeschwindigkeiten zu berechnen.

Wiederbestellmenge

Die Berechnung der Wiederbestellmenge erfolgt sowohl für die Auslieferungs- als auch für die Zentrallager auf Basis der optimalen Losgrößenformel.

4.5.2.4 Mengengerüst

Die Mengengerüste innerhalb der betrachteten Kostenarten werden von den 14 beschriebenen Kostentreibern determiniert. Eine Besonderheit besteht darin, dass die Mengengerüste – abgesehen im Status quo für das bestehende Netzwerk – erst nach der erfolgten Netzwerkoptimierung bekannt sind, weshalb das erste Ergebnis der Optimierung in den meisten Fällen noch kein Optimum darstellt und das Auffinden der optimalen Planungsvariante mehrere Iterationsschleifen benötigt. Dieser Tatsache wird in dem iterativen Lösungsverfahren in Kapitel 4.5.3 Rechnung getragen. Insgesamt sind die sieben folgenden Mengengerüste im Modell abzubilden (siehe Abb. 4.22):

Anzahl Lagerstandorte und Umschlagpunkte

Ein Ergebnis der Feinoptimierung ist die Lösung des Anzahlproblems für alle Distributionsstufen der Netzwerktopologie, woraus die Anzahl der Lagerstandorte (Auslieferungs- und Zentrallagerstandorte) und der Umschlagpunkte resultiert.

Mengengerüst	Lager-haltungs-kosten	Trans-portkos-ten	Kapital-kosten	Abbildung im Modell der Feinop-timierung
Anzahl Lagerstandorte und Umschlagpunkte	x		x	Lösung Anzahlproblem zur Bestimmung der Standortanzahl
Betriebsmittelbedarf	x			Lösung Zuordnungsproblem zur Bestimmung der Anzahl der Auf-tragszeilen und Sendungen
Lagerbestand			x	Auslieferungslager Verfügbarer Bestand: Sendungs-daten Sicherheitsbestand: konstanter Aufschlagfaktor Zentrallager und Umschlagpunkte Verfügbarer Bestand: Lager-reichweite Sicherheitsbestand: konstanter Aufschlagfaktor
Lagerplatzbedarf	x			Bestandsmittelwerte und Palet-tenäquivalente
Personalbedarf	x			Lösung Zuordnungsproblem zur Bestimmung der Anzahl der Auf-tragszeilen und Sendungen
Transitbestand			x	Periodenbedarf, Wiederbestell-menge, Transportzeit, r,Q-Politik
Transportbedarf		x		Lösung Zuordnungsproblem zur Bestimmung von Transportge-wicht, -volumen, -distanz, Diskre-tisierung in Sendungen

Abb. 4.22 Abbildung der Mengengerüste im Modell der Feinoptimierung

Betriebsmittelbedarf

Der Betriebsmittelbedarf wird über die Anzahl der Auftragszeilen und Sendungen abgebildet und resultiert je Standort aus der Lösung des Zuordnungsproblems.

Lagerbestand

Der mittlere verfügbare Bestand in den Auslieferungslagern wird nach MAHADEV aus der Warenverfügbarkeit unter Voraussetzung konstanter Wiederbeschaffungszeiten – was der Abbildung im Modell entspricht – und einer Poisson-Verteilung der Kundenaufträge berechnet [MAHADEV 1998, S. 831 ff.].

Die Berechnung des Sicherheitsbestands S_S erfolgt durch Multiplikation des verfügbaren Bestandes mit einem konstanten Faktor, der aus dem operativen Betrieb der Lagerstandorte im Ist abgeleitet wird und ggf. für unterschiedliche Lagergrößenklassen individuelle Werte annehmen kann. Die Summe des verfügbaren und des Sicherheitsbestandes entspricht dem totalen Bestand S_T eines Auslieferungslagers, der in konstanten Abständen r um die Menge Q erhöht wird.

Der mittlere verfügbare Bestand in den Zentrallagern wird über die Lagerreichweite berechnet. Die Lagerreichweite der Zentrallager R_Z wird dem operativen Betrieb der Zentrallager im Ist entnommen und kann je Artikel oder Artikelgruppe unterschiedliche Werte annehmen. Da der Durchsatz F_Z in den Zentrallagern auf Artikelebene bekannt ist, kann der verfügbare Bestand S_v in der Periode T wie folgt berechnet werden:

$$S_V = \frac{F_Z \cdot R_Z}{T}. \tag{24}$$

Die Berechnung des Sicherheits- und des totalen Bestands erfolgt analog den Auslieferungslagern.

Die Berechnung der mittleren Bestände in den Umschlagpunkten erfolgt analog den Zentrallagern. Die artikelspezifische Reichweite wird mit einer durchschnittlichen Verweildauer substituiert, die für alle Artikel gleich ist und üblicherweise ein bis zwei Tage beträgt. Dieser Ansatz wird gewählt, da in den Umschlagpunkten auch Transporteinheiten umgeschlagen werden, die nicht artikelrein sind.

Lagerplatzbedarf

Der Lagerplatzbedarf wird in Palettenäquivalenten (PÄ) ausgedrückt, wobei ein Palettenäquivalent über die folgenden Eigenschaften definiert wird:

- maximale Länge,
- maximale Breite,
- maximale Höhe,
- maximal zulässiges Gewicht.

Aus den Artikelstammdaten – als Teil der aufgabenspezifischen Daten – erfolgt für jeden Artikel die Berechnung der maximal möglichen Stückzahl $z_{PÄ}$ pro Palettenäquivalent. Zur Bestimmung des Lagerplatzbedarfs in den Lagerstandorten und den Umschlagpunkten wird der totale mittlere Bestand b_{Lager} einer Periode T pro Artikel durch dessen Stückzahl pro Palettenäquivalent $z_{PÄ}$ dividiert, woraus die Anzahl der benötigten Palettenäquivalente und damit die Anzahl der notwendigen Lagerplätze $n_{PÄ}$ pro Artikel resultiert:

$$n_{PÄ} = \frac{b_{Lager}}{z_{PÄ}}. \quad (25)$$

Die Summe der benötigten Lagerplätze aller Artikel entspricht dem totalen Lagerplatzbedarf eines Standortes $N_{PÄ}$.

Falls ein Artikel einen der Maximalwerte des Palettenäquivalents überschreitet, besteht ein Stück dieses Artikels aus mehreren Palettenäquivalenten und belegt damit mehrere Lagerplätze.

Personalbedarf

Der Personalbedarf wird über die Anzahl der Auftragszeilen und Sendungen abgebildet und resultiert je Standort aus der Lösung des Zuordnungsproblems.

Transitbestand

Der Transitbestand entlang einer Netzwerkkante des Distributionsnetzwerkes errechnet sich pro Artikel aus dem Bedarf b des Artikels innerhalb der Periode T, der Wiederbestellmenge q des Artikels und der Transportzeit T_{TR}, die aus der Transportdistanz und der von der gewählten Transportart abhängigen Durchschnittsgeschwindigkeit resultiert:

$$b_{Transit} = \frac{b}{q} \cdot T_{TR}. \quad (26)$$

Der Berechnung der Transitbestände liegt wie erwähnt die r,Q-Lagerhaltungspolitik zugrunde, bei der die Wiederbestellmengen q eines Artikels in äquidistanten Zeitabständen r abgerufen werden.

Transportbedarf

Der Transportbedarf resultiert aus der Lösung des Zuordnungsproblems, so dass pro Netzwerkkante die Anzahl der Sendungen sowie deren Gewicht, Volumen und Distanz bekannt sind.

In der Feinverteilung kann die Anzahl der Sendungen inkl. ihrem Gewicht und Volumen direkt den Sendungsdaten entnommen werden. Zukünftige Änderungen der Sendungsstruktur fließen über die strategischen Daten bei der Erstellung der Planungsgrundlagen mit ein.

In der Vorholung wird die Anzahl der Sendungen inkl. Gewicht und Volumen aus dem Transportbedarf errechnet, in dem der gesamte Transportbedarf artikelunabhängig innerhalb einer Periode T auf einer Netzwerkkante über standardisierte Transporteinheiten zu Sendungen diskretisiert wird. Die Transporteinheiten sind über Maximalwerte bzgl. der Abmessungen und des Gewichts ähnlich den Palettenäquivalenten definiert.

4.5.2.5 Kostensätze

Die Bestimmung der Kostensätze für die Ist-Situation erfolgt über die Division der jeweiligen Gesamtkosten K durch den zugehörigen Leistungstreiber, wobei alle Kostensätze k in der Einheit Geldeinheiten pro Mengeneinheit des Kostentreibers ausgedrückt werden. Zum Teil ist es zusätzlich erforderlich, die Gesamtkosten über einen Faktor aufzuteilen.

Die Kostensätze können für zukünftige Planungsperioden konstant übernommen oder mit Hilfe der statistischen Daten zur Abbildung von Markteinflüssen manipuliert werden. Falls die Kostensätze für die Standorte im Ist stark voneinander abweichen, kann mit Standortklassen gearbeitet werden, denen unterschiedliche Kostensätze zugeordnet sind. Das gleiche gilt für die Faktoren zur Aufteilung der Kosten.

Zur Optimierung globaler Distributionsnetzwerke ist es erforderlich die sechs Kostensätze gemäß Abb. 4.23 im Modell abzubilden. Die Kostensätze werden in den modellspezifischen Daten hinterlegt.

Kostensatz Betriebsmittelbedarf

Unter dem Betriebsmittelbedarf werden alle monetären Aufwendungen für Betriebsmittel zusammengefasst, die für einen Lagerstandort bzw. Umschlagpunkt innerhalb einer Periode T entstehen (Betriebsstoffe, Hilfsstoffe, Reinigungsaufwand, Telefonkosten, etc.).

In allen Lagerstandorten und Umschlagpunkten sind die Betriebsmittelkosten K_{BM} eines Standorts auf den Kostenanteil $K_{BM}{}^{WE}$ für die Wareneingangs- und $K_{BM}{}^{WA}$ für die Warenausgangstätigkeiten aufzuteilen:

$$K_{BM}^{WE} = K_{BM} \cdot X^{WE} \text{ mit } 0\% \leq X^{WE} \leq 100\%, \tag{27}$$

$$K_{BM}^{WA} = K_{BM} \cdot \left(100\% - X^{WE}\right). \tag{28}$$

Der Faktor für die prozentuale Aufteilung X^{WE} kann aus dem Ist des operativen Geschäfts abgeleitet oder qualifiziert geschätzt werden. Außerdem kann die Aufteilung und damit der Faktor X^{WE} für Auslieferungslager, Zentrallager und Umschlagpunkte individuell gewählt und bei Bedarf nach Standortklassen differenziert werden.

Kostensatz	Lagerhaltungskosten	Transportkosten	Kapitalkosten	Abbildung im Modell der Feinoptimierung
Betriebsmittelbedarf	x			Prozentuale Aufteilung Betriebsmittelkosten nach Eingangs- und Ausgangstätigkeiten, Kosten pro Auftragszeile bzw. Sendung
Lagerplatzbedarf	x			Infrastrukturkosten pro Palettenäquivalent
Personalbedarf	x			Prozentuale Aufteilung Personalkosten nach Eingangs- und Ausgangstätigkeiten, Kosten pro Auftragszeile bzw. Sendung
Transporttarife		x		Fixkostensatz und variabler Kostensatz pro Sendung
Wertansatz Lagerbestand			x	Produktpreis pro Stück in Abhängigkeit der Lagerstufe
Wertansatz Transitbestand			x	Produktpreis pro Stück in Abhängigkeit der Transportstufe

Abb. 4.23 Abbildung der Kostensätze im Modell der Feinoptimierung

Die Betriebsmittelkostensätze k_{BM}^{WE} und k_{BM}^{WA} der unterschiedlichen Standorte lassen sich für die Ist-Situation wie folgt berechnen:

$$k_{BM}^{WE}\Big|_{Auslieferungslager} = \frac{K_{BM}^{WE}}{N_{Auftragszeilen}^{WE}}\Big|_{Auslieferungslager}, \tag{29}$$

$$k_{BM}^{WA}\Big|_{Auslieferungslager} = \frac{K_{BM}^{WA}}{N_{Sendungen}^{WA}}\Big|_{Auslieferungslager}, \tag{30}$$

$$k_{BM}^{WE}\Big|_{Zentrallager} = \frac{K_{BM}^{WE}}{N_{Auftragszeilen}^{WE}}\Big|_{Zemtrallager}, \tag{31}$$

$$k_{BM}^{WA}\Big|_{Zentrallager} = \frac{K_{BM}^{WA}}{N_{Auftragszeilen}^{WA}}\Big|_{Zentrallager}, \tag{32}$$

$$k_{BM}^{WE}\Big|_{Umschlagpunkt} = \frac{K_{BM}^{WE}}{N_{Auftragszeilen}^{WE}}\Big|_{Umschlagpunkt}, \tag{33}$$

$$k_{BM}^{WA}\Big|_{Umschlagpunkt} = \frac{K_{BM}^{WA}}{N_{Auftragszeilen}^{WA}}\Big|_{Umschlagpunkt}. \tag{34}$$

Die Zuordnung der Betriebsmittelkostensätze zu den Standortklassen erfolgt gemäß den in den Planungsdaten hinterlegten Standorteigenschaften (z. B. Standortgröße, Automatisierungsgrad) und der geographischen Lage (Kostenniveau).

Kostensatz Infrastrukturkosten

Zur Bestimmung des Kostensatzes für den Lagerplatzbedarf in der Ist-Situation werden die Infrastrukturkosten K_{IS} eines Standortes durch die Anzahl aller gelagerten Palettenäquivalente $N_{PÄ}$ dieses Standorts dividiert, woraus sich der standortspezifische Kostensatz der Infrastrukturkosten k_{IS} ergibt, der dem Kostensatz für ein Palettenäquivalent $k_{PÄ}$ entspricht:

$$k_{IS} = k_{PÄ} = \frac{K_{IS}}{N_{PÄ}}. \tag{35}$$

Die Integration der Markteinflüsse und die evtl. notwendige Unterteilung in Standortklassen erfolgt über die statistischen Daten und die Planungsdaten.

Kostensatz Personalbedarf

Der Personalbedarf umfasst alle direkt und indirekt produktiven Personalkosten, die für einen Lagerstandort bzw. Umschlagpunkt innerhalb der Periode T anfallen (Löhne, Gehälter, Personalnebenkosten, etc.).

Analog der Berechnung der Betriebsmittelkostensätze sind die Personalkosten je Standort mit dem Faktor X^{WE} in die Anteile für die Wareneingangs- und die Warenausgangstätigkeit aufzuteilen. Die Personalkostensätze k_{PS}^{WE} und k_{PS}^{WA} lassen sich mit folgenden Ausdrücken für die Ist-Situation berechnen:

$$k_{PS}^{WE}\Big|_{Auslieferungslager} = \frac{K_{PS}^{WE}}{N_{Auftragszeilen}^{WE}}\Big|_{Auslieferungslager}, \tag{36}$$

$$k_{PS}^{WA}\Big|_{Auslieferungslager} = \frac{K_{PS}^{WA}}{N_{Sendungen}^{WA}}\Big|_{Auslieferungslager}, \quad (37)$$

$$k_{PS}^{WE}\Big|_{Zentrallager} = \frac{K_{PS}^{WE}}{N_{Auftragszeilen}^{WE}}\Big|_{Zentrallager}, \quad (38)$$

$$k_{PS}^{WA}\Big|_{Zentrallager} = \frac{K_{PS}^{WA}}{N_{Auftragszeilen}^{WA}}\Big|_{Zentrallager}, \quad (39)$$

$$k_{PS}^{WE}\Big|_{Umschlagpunkt} = \frac{K_{PS}^{WE}}{N_{Auftragszeilen}^{WE}}\Big|_{Umschlagpunkt}, \quad (40)$$

$$k_{PS}^{WA}\Big|_{Umschlagpunkt} = \frac{K_{PS}^{WA}}{N_{Auftragszeilen}^{WA}}\Big|_{Umschlagpunkt}. \quad (41)$$

Die Zuordnung der Personalkostensätze zu den Standortklassen erfolgt gemäß den in den Planungsdaten hinterlegten Standorteigenschaften (z. B. Standortgröße, Automatisierungsgrad) und der geographischen Lage (Lohnniveau).

Transporttarife

In der Praxis existieren für die verschiedenen Versandarten unterschiedliche Tarifmodelle. Zum Beispiel sind im Paketversand und im Stückgutversand Tariftabellen üblich, in denen die Transportpreise pro Packstück in Abhängigkeit vom Bestimmungsland, dem Lieferservice, den maximalen Abmessungen und dem maximal zulässigen Gewicht angegeben sind. Für Container und LKWs ist häufig ein fixer Preis in Abhängigkeit von der Route (Distanz) zu bezahlen, der unabhängig vom transportierten Gewicht und Volumen ist.

Im Modell der Feinoptimierung werden die diskreten Tarifmodelle in stetige Transportkostenfunktionen überführt, so dass mit einigen wenigen Transportkostenfunktionen die unterschiedlichen unternehmensspezifischen Transporttarife in Abhängigkeit der Kostentreiber für die Vorholung und die Feinverteilung abgebildet werden können. Die Transportkostenfunktionen enthalten grundsätzlich einen Fixkostenanteil $k_{TR,fix}$ und einen variablen Kostensatz $k_{Tr,var}(G,V,D)$ pro Sendung in Abhängigkeit von Gewicht, Volumen und Entfernung. Die Abbildung des Lieferservice kann über eine progressive Zunahme der Transportkosten ab dem Überschreiten einer kritischen Distanz abgebildet werden.

Die Fixkostensätze und die variablen Kostensätze werden aus der Ist-Situation ermittelt und beinhalten dadurch bereits die durchschnittliche Transportmittelauslastung. Mit den in den strategischen Daten hinterlegten Markteinflüssen können die Transporttarife für zukünftige Planungsperioden inkl. der Transportmittelauslastung modifiziert werden.

Wertansatz Lagerbestand

Der produktspezifische Wertansatz des Lagerbestands ergibt sich unmittelbar aus den aufgabenspezifischen Daten in Abhängigkeit von der Lagerstufe, die aus der Lösung des Stufenproblems resultiert. Die Wertansätze werden in Geldeinheiten pro Stück eines Artikels ausgedrückt und können in horizontaler Distributionsebene zusätzlich lieferanten- bzw. marktspezifisch vorliegen (vergleiche Abb. 2.5).

Im vorliegenden Modell können zwei vertikale und theoretisch beliebig viele horizontale Wertansätze für den Lagerbestand festgelegt werden:

- Ein lieferantenspezifischer Einstandspreis pro Artikel und Stück $p_{ZL}^{Lieferant}$ für die Zentrallager sowie
- ein marktspezifischer Zwischenverkaufspreis pro Artikel und Stück p_{AL}^{Markt} für die Auslieferungslager.

Falls mehrere Zentrallagerstufen kaskadiert vorliegen, gelten auf den hintereinandergeschalteten Stufen die gleichen Wertansätze.

Wertansatz Transitbestand

Der produktspezifische Wertansatz des Transitbestands ergibt sich unmittelbar aus den aufgabenspezifischen Daten in Abhängigkeit von der Transportstufe, die aus der Lösung des Stufenproblems resultiert. Die Wertansätze werden in Geldeinheiten pro Stück eines Artikels ausgedrückt und können in horizontaler Distributionsebene zusätzlich lieferanten- bzw. marktspezifisch vorliegen.

Im vorliegenden Modell können die zwei folgenden vertikalen und theoretisch beliebig viele horizontale Wertansätze für den Transitbestand festgelegt werden, die exakt den Wertansätzen des Lagerbestands entsprechen:

- Ein lieferantenspezifischer Einstandspreis pro Artikel und Stück $p_{ZL}^{Lieferant}$ der für Transporte an Zentrallager und Umschlagpunkte, zwischen Zentrallagern und Umschlagpunkten sowie für die in den Umschlagpunkten gelagerten Sendungen verwendet wird.

- Ein marktspezifischer Zwischenverkaufspreis pro Artikel und Stück p_{AL}^{Markt} für Transporte an Auslieferungslager.

Bei intermodalen Transporten werden für die unterschiedlichen Transportmittel zwischen zwei Knotenpunkten die gleichen Wertansätze für den Transitbestand verwendet.

4.5.2.6 Distributionskosten

Die totalen Distributionskosten K_{DB} ergeben sich aus der Summe der betrachteten Lagerhaltungs- (K_{LH}), Transport- (K_{TR}) und Kapitalkosten (K_{KP}) aller Netzwerkknotenpunkte und Netzwerkkanten innerhalb der Systemgrenze (siehe Abb. 4.24):

$$K_{DB} = K_{LH} + K_{TR} + K_{KP} . \tag{42}$$

Lagerhaltungskosten

Die totalen Lagerhaltungskosten K_{LH} entsprechen der Summe der Infrastrukturkosten K_{IS}, Personalkosten K_{PS} und Betriebskosten K_{BM} in den Zentrallagern, Umschlagpunkten und Auslieferungslagern:

$$K_{LH} = K_{IS} + K_{PS} + K_{BM} . \tag{43}$$

Zur Bestimmung der Infrastrukturkosten werden die standortspezifischen Kostensätze aus der Ist-Situation für den Lagerplatzbedarf k_{LP} mit der im Modell gelagerten Anzahl an Palettenäquivalenten $N_{PÄ}$ pro Standort multipliziert und über alle Standorte aufsummiert:

$$K_{IS} = \sum_{1}^{AL} k_{PÄ,i} \cdot N_{PÄ,i} + \sum_{1}^{ZL} k_{PÄ,j} \cdot N_{PÄ,j} + \sum_{1}^{UP} k_{PÄ,k} \cdot N_{PÄ,k} . \tag{44}$$

Die Summationsindizes sind wie folgt definiert:

- Anzahl Auslieferungslager $i = 1...AL$,
- Anzahl Zentrallager $j = 1...ZL$,
- Anzahl Umschlagpunkte $k = 1...UP$.

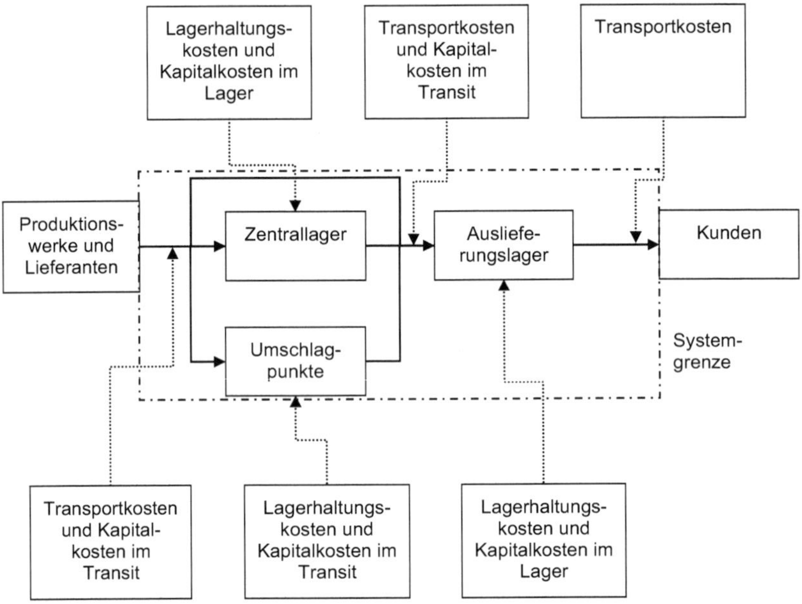

Abb. 4.24 Übersicht Distributionskosten im Modell der Feinoptimierung

Die Berechnung der Personalkosten erfolgt analog:

$$K_{PS} = \sum_{1}^{AL} k_{PS,i}^{WE} \cdot N_{Auftragszeilen,i}^{WE} + \sum_{1}^{AL} k_{PS,i}^{WA} \cdot N_{Sendungen,i}^{WA} + \sum_{1}^{ZL} k_{PS,j}^{WE} \cdot N_{Auftragszeilen,j}^{WE} + \\ + \sum_{1}^{ZL} k_{PS,j}^{WA} \cdot N_{Auftragszeilen,j}^{WA} + \sum_{1}^{UP} k_{PS,k}^{WE} \cdot N_{Auftragszeilen,k}^{WE} + \sum_{1}^{UP} k_{PS,k}^{WA} \cdot N_{Auftragszeilen,k}^{WA} , \tag{45}$$

mit den Summationsindizes:

- Anzahl Auslieferungslager $i = 1...AL$,
- Anzahl Zentrallager $j = 1...ZL$,
- Anzahl Umschlagpunkte $k = 1...UP$.

Nach dem gleichen Schema erfolgt die Berechnung der Betriebskosten:

$$K_{BM} = \sum_{1}^{AL} k_{BM,i}^{WE} \cdot N_{Auftragszeilen,i}^{WE} + \sum_{1}^{AL} k_{BM,i}^{WA} \cdot N_{Sendungen,i}^{WA} + \sum_{1}^{ZL} k_{BM,j}^{WE} \cdot N_{Auftragszeilen,j}^{WE} + \\ + \sum_{1}^{ZL} k_{BM,j}^{WA} \cdot N_{Auftragszeilen,j}^{WA} + \sum_{1}^{UP} k_{BM,k}^{WE} \cdot N_{Auftragszeilen,k}^{WE} + \sum_{1}^{UP} k_{BM,k}^{WA} \cdot N_{Auftragszeilen,k}^{WA} , \tag{46}$$

mit den Summationsindizes:

- Anzahl Auslieferungslager $i = 1...AL$,

- Anzahl Zentrallager $j = 1...ZL$,
- Anzahl Umschlagpunkte $k = 1...UP$.

Transportkosten

Die Transportkostenfunktionen für die Vorholung und die Feinverteilung werden derart angepasst, dass sie den Verlauf der Tariftabellen inkl. der allfälligen Wechsel der Transportart möglichst genau nachbilden. Die allgemeine Form der Transportkostenfunktion besteht wie erwähnt aus einem Fixkostenterm und einem variablen Kostenterm und kann pro Sendung in folgender Form ausgedrückt werden:

$$k_{TR}(G,V,D) = k_{Tr,fix} + k_{TR,var}(G,V,D) \cdot f_{TR}(G,V,D). \tag{47}$$

Die totalen Transportkosten ergeben sich aus der Summe der Transportkosten aller Einzelsendungen auf allen Netzwerkkanten in der Vorholung und der Feinverteilung zu:

$$\begin{aligned} K_{TR}(G,V,D) = \sum_{1}^{NV} \left(k_{TR,fix}^{Vorholung} + k_{TR,var}^{Vorholung}(G,V,D) \cdot f_{TR}(G,V,D)\right)_m + \\ + \sum_{1}^{NF} \left(k_{TR,fix}^{Feinverteilung} + k_{TR,var}^{Feinverteilung}(G,V,D) \cdot f_{TR}^{Feinverteilung}(G,V,D)\right)_n \end{aligned}, \tag{48}$$

mit den Summationsindizes:

- Anzahl Sendungen Vorholung m = 1...NV,
- Anzahl Sendungen Feinverteilung n = 1...NF.

Bei intermodalen Transporten bestehen die Transportkostenfunktionen ggf. aus mehreren Summationsgliedern, da unterschiedliche Transportkostenfunktionen zur Abbildung der Tarifstruktur benötigt werden.

In der Vorholung sind z. B. Überseetransporte üblich, die aus einem Landtransport zu einem Versandhafen, dem eigentlichen Seetransport und einem weiteren Landtransport vom Empfangshafen zu einem Zentrallager, Auslieferungslager oder Umschlagpunkt bestehen. Die Kosten solcher intermodalen Transporte sind stark routen- und z. T. richtungsabhängig, weshalb pro Route und z. T. Richtung eine eigene Transportkostenfunktion definiert werden muss.

Die Transportkostenfunktionen lassen sich für solche Problemstellungen folgendermaßen erweitern:

$$K_{TR}(G,V,D) = \sum_{1}^{TV}\left(\sum_{1}^{NV}\left(k_{TR,fix}^{Vorholung} + k_{TR,var}^{Vorholung}(G,V,D)\cdot f_{TR}(G,V,D)\right)_m\right)_q + \\ + \sum_{1}^{TF}\left(\sum_{1}^{NF}\left(k_{TR,fix}^{Feinverteilung} + k_{TR,var}^{Feinverteilung}(G,V,D)\cdot f_{TR}^{Feinverteilung}(G,V,D)\right)_n\right)_r , \quad (49)$$

wobei die Summationsindizes wie folgt definiert sind:

- Anzahl Sendungen Vorholung m = 1…NV,
- Anzahl Sendungen Feinverteilung n = 1…NF,
- Anzahl Transportkostenfunktionen Vorholung q = 1…TV,
- Anzahl Transportkostenfunktionen Feinverteilung r = 1…TF.

Kapitalkosten

Die totalen Kapitalkosten K_{KP} entsprechen der Summe der Kapitalkosten im Lager K_{KP}^{Lager} und der Kapitalkosten im Transit $K_{KP}^{Transit}$ über alle innerhalb der Optimierung betrachteten Artikel, Netzwerkknoten und -kanten.

Die Kapitalkosten eines Artikels in einem Lagerstandort berechnen sich allgemein aus der Multiplikation der gelagerten Menge des Artikels mit dem jeweiligen Wertansatz pro Stück, der aus der Lagerstufe resultiert, wobei hier wie erwähnt aus Gründen der einfacheren Darstellung nur der Fall von zwei vertikalen Lagerstufen betrachtet wird. Damit ergibt sich für die Kapitalkosten der Zentral- und Auslieferungslager der Term:

$$K_{KP}^{Lager} = \sum_{1}^{AL}\left(\sum_{1}^{N} p_{AL,l}^{Markt}\cdot b_{AL,l}\right)_i + \sum_{1}^{ZL}\left(\sum_{1}^{N} p_{ZL,l}^{Lieferant}\cdot b_{ZL,l}\right)_j , \quad (50)$$

mit den Summationsindizes:

- Anzahl Auslieferungslager i = 1…AL,
- Anzahl Zentrallager j = 1…ZL und
- Artikelanzahl l = 1…N.

Zu den Kapitalkosten im Transit zählen alle Transitbestände auf den Netzwerkkanten in der Vorholung und die Bestände in den Umschlagpunkten:

$$K_{KP}^{Transit} = \sum_{1}^{KT}\left(\sum_{1}^{N} p_{AL,l}^{Markt}\cdot b_{KT,l} + \sum_{1}^{N} p_{ZL,l}^{Lieferant}\cdot b_{KT,l}\right)_p + \sum_{1}^{UP}\left(\sum_{1}^{N} p_{ZL,l}^{Lieferant}\cdot b_{UP,l}\right)_k . \quad (51)$$

Die Summationsindizes sind wie folgt definiert:

- Anzahl Umschlagpunkte k = 1…UP,

- Artikelanzahl I = 1...N,
- Anzahl Netzwerkkanten p = 1...KT.

4.5.3 Lösungsverfahren

4.5.3.1 Überblick Verfahrensablauf

Im ersten Teil des in dieser Arbeit vorgestellten Lösungsverfahrens wird für die Feinverteilung das Anzahl-, Standort- und Zuordnungsproblem unter Berücksichtigung der Zielvorgaben approximativ gelöst, wobei das in der vorgelagerten Optimierung ermittelte Lösungsintervall des Anzahlproblems für die Auslieferungslager als Ausgangslösung dient.

Im zweiten Teil des Planungsverfahrens erfolgt die Optimierung der Vorholung. Die Aufgabe besteht darin, das Anzahl-, Standort-, Zuordnungs- und Stufenproblem für die Zentrallager und Umschlagpunkte zur kostenminimalen Versorgung der Auslieferungslager zu bestimmen. Bei der Lösung des Zuordnungsproblems sind zusätzlich die jeweils optimalen Distributionswege für die Mengenströme zu den Auslieferungslagern zu ermitteln (vergleiche Abb. 4.17).

Im dritten Teil der Optimierung findet die Bestimmung der erforderlichen statischen und dynamischen Kapazitäten der Auslieferungs- und Zentrallager sowie der Umschlagpunkte statt, bzw. es werden maximale Standortkapazitäten berücksichtigt, die nicht unter- oder überschritten werden dürfen.

Im vierten Schritt kann noch eine ökologische Optimierung erfolgen, um die Umweltverträglichkeit insbesondere im Sinne niedriger Schadstoffemissionen zu berücksichtigen. Je nach Optimierungszielsetzung könnte diese Optimierung auch zuerst erfolgen, indem z. B. ohne Rücksicht auf den Lieferservice und die totalen Distributionskosten grundsätzlich umweltverträgliche Verkehrsträger wie das Schiff oder die Bahn eingesetzt werden, sofern dies möglich ist. Anschließend werden je nach Zielsetzung der Lieferservice oder die Distributionskosten optimiert.

4.5.3.2 Lösungsverfahren Feinverteilung

Die Lösung des Planungsproblems in der Feinverteilung erfolgt mit dem vom IML entwickelten Planungsverfahren DISMOD (Distributionsplanungsmethode für intermodale Transporte), welches auf das Programmsystem DISPLAN

(Distributionsplanungsinstrument) nach GROSSESCHALLAU zurückgeht [GROSSESCHALLAU 1985, S. 293 ff.], das zu Beginn der 80er Jahre ebenfalls vom IML entwickelt wurde.

DISMOD arbeitet wegenetzbasiert und stellt einen heuristischen Algorithmus dar, der unter Zulassung temporärer Lösungsverschlechterungen sukzessive eine – aufgrund der Heuristik – suboptimale Lösung des Planungsproblems findet.

Das Planungsverfahren DISMOD besteht aus fünf Modulen (siehe Abb. 4.25), die nach VASTAG folgende Aufgaben erfüllen [VASTAG 1998d, S. 140 f.]:

- Das Analysemodul dient zur Auswertung der Planungsgrundlagen nach unterschiedlichen Datenfeldern. Dadurch können u. a. Inkonsistenzen oder fehlende Datenelemente identifiziert werden.
- Das Kostenmodul beinhaltet die Kostenfunktionen und dient zur Berechnung der totalen Distributionskosten in der Feinverteilung.
- Das Optimierungsmodul beinhaltet den eigentlichen Lösungsalgorithmus zur Lösung des Anzahl-, Standort- und Zuordnungsproblems der Auslieferungslager.
- Das Konfigurations- und Visualisierungsmodul ermöglicht die graphische Darstellung der verschiedenen Optimierungsvarianten und deren Modifikation.
- Mit dem Ökologiemodul kann die Umweltverträglichkeit der Lösungsvarianten bewertet werden.

Die eigentliche Optimierung der Feinverteilung findet im Zusammenspiel des Kosten- und des Optimierungsmoduls statt: Beide Module arbeiten in einer Art Regelkreis zusammen, indem der vom Kostenmodul für eine bestimmte Anzahl an Auslieferungslagern bewertete Ist-Zustand vom Optimierungsmodul verbessert und in rekursiven Schritten vom Kostenmodul neu bewertet wird. Der Algorithmus bricht ab, wenn vom Optimierungsmodul kein besserer Zustand mehr ermittelt werden kann.

Anschließend wird die Anzahl der Auslieferungslager innerhalb des in der vorgelagerten Optimierung gefundenen Intervalls variiert und für jede Anzahl an Auslieferungslagern der beschriebene Regelkreis erneut bis zur Abbruchbedingung durchlaufen.

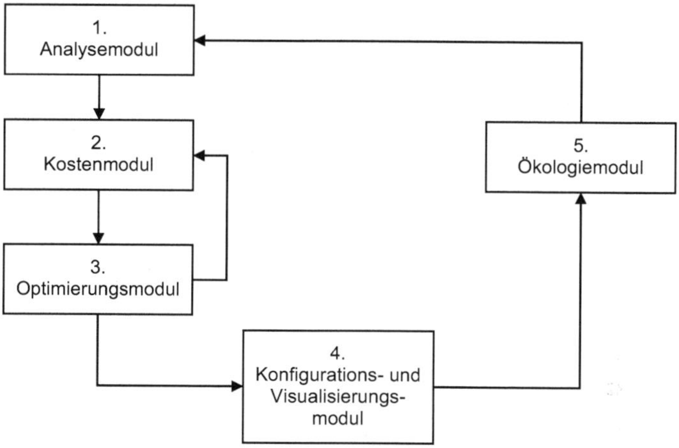

Abb. 4.25 Module des Planungsverfahrens DISMOD und deren Zusammenwirken nach VASTAG

Die Anzahl der Auslieferungslager wird so lange verändert, bis sich für den Ziellieferservice ein Minimum der Distributionskosten bzw. für vorgegebene Distributionskosten ein Maximum des Lieferservice abzeichnet (Minimum einer diskreten Kosten- bzw. Maximum einer diskreten Lieferservicekurve). Die Anzahl, Lage und Kundenzuordnung bei welcher der Ziellieferservice zu minimalen Kosten bzw. für gegebene Distributionskosten der maximale Lieferservice erzielt wird, entspricht der optimalen Netzwerkvariante für die Feinverteilung.

4.5.3.3 Lösungsverfahren Vorholung

Die Optimierung der Vorholung findet analog der Feinverteilung im Zusammenspiel des Kosten- und des Optimierungsmoduls statt, jedoch liegen folgende strukturelle Unterschiede vor, von denen der letztgenannte eine Erweiterung der bestehenden Funktionalität von DISMOD erforderlich macht:

- Die in der Feinverteilung festgelegten Auslieferungslagerstandorte stellen in der vorgelagerten Optimierung die Anlieferpunkte für die Zentrallager und Umschlagpunkte dar und nicht mehr die zu beliefernden Kunden.

- Die einzige Zielfunktion in der Vorholung ist die Minimierung der Distributionskosten für das zuvor bestimmte optimale Netzwerk an Auslieferungslagern, da die Auslieferungslager die vorgelagerten vertikalen Distributionsstufen von den Lieferserviceanforderungen der Kunden entkoppeln (vergleiche Kapitel 4.5.2.2 und 4.5.2.4).
- Im Netzwerk der Vorholung bestehen üblicherweise weniger Freiheitsgrade bzgl. der Wahl der Knotenpunkte und der Netzwerkkanten, da z. B. bei Überseetransporten die Abfahrts- und Ankunftshäfen sowie die Transportrouten in einem engen Rahmen vorgegeben sind.
- Die Versorgung jedes Auslieferungslagers kann über vier verschiedene Distributionswege erfolgen, von denen pro Produktionswerk bzw. Lieferant und Auslieferungslager der jeweils kostenminimale Weg zu bestimmen ist, wohingegen es von den Auslieferungslagern per Definition nur einen Distributionsweg zu den Kunden gibt.

Die Optimierungsaufgabe besteht darin, einen kostenminimalen Zirkulationsfluss im Netzwerk der Vorholung zu ermitteln. Dazu ist vom Anwender die Netzwerktopologie mit den folgenden Angaben zu definieren:

- Die Anzahl der Knotenpunkte (Zentrallager und Umschlagpunkte inkl. einer evtl. vorgesehenen Kaskadierung) muss vorgegeben werden, wobei der Anwender nicht zwischen Zentrallagern und Umschlagpunkten differenzieren muss. Zur Bestimmung der Anzahl der Knotenpunkte im Sinn einer Ausgangslösung kann z. B. das Verfahren der vorgelagerten Optimierung genutzt, oder bei einer voraussichtlich geringen Anzahl rein intuitiv vorgegangen werden. Falls die Standorte bestimmter Knotenpunkte determiniert sind (z. B. Häfen), kann dies in den modellspezifischen Daten hinterlegt werden.
- Es ist zu definieren welche gerichteten Netzwerkkanten für die Transporte in der Vorholung zulässig sind. Falls bestimmte Transportrouten für gewisse Lieferanten oder Produktionswerke gewählt werden müssen, kann dies in den modellspezifischen Daten hinterlegt werden. Ggf. ist es für die vorgegebenen Routenabschnitte zusätzlich erforderlich separate Transportkostenfunktionen zu implementieren.

- Damit das Lösungsverfahren entscheiden kann über welchen der vier Distributionswege eine Sendung geliefert werden soll, sind in den modellspezifischen Daten die entsprechenden Intervalle für die Sendungsgrößen zu hinterlegen und den Distributionswegen zuzuordnen. Die Intervalle können z. B. aus den bestehenden Transportverträgen abgeleitet werden, in welchen in der Praxis häufig Gewichtsgrenzen festgelegt sind.

Die Lösung des Planungsproblems erfolgt mit dem Out-of-Kilter-Algorithmus nach NEUMANN, der von Fulkerson entwickelt und als Zusatzfunktion in das Optimierungsmodul von DISMOD integriert worden ist [NEUMANN 2004, S. 94 ff.].

Die Optimierung findet analog der Feinoptimierung im Zusammenspiel des Kostenmoduls mit dem erweiterten Optimierungsmodul statt, bis kein besserer Zustand für die vorgegebene Netzwerktopologie gefunden werden kann. Anschließend wird die Netzwerktopologie vom Anwender verändert und der Optimierungslauf zwischen dem Kosten- und dem Optimierungsmodul erneut bis zur Abbruchbedingung durchlaufen.

Die Varianten der Netzwerktopologie werden so lange manipuliert, bis sich für das in der Feinverteilung ermittelte Netzwerk an Auslieferungslagern eine kostenminimale Struktur für die Vorholung abzeichnet (Minimum einer diskreten Kostenkurve). Die Anzahl und Lage der Umschlagpunkte bei denen die Distributionskosten unter Berücksichtigung der modellspezifischen Vorgaben ein Minimum aufweisen, entsprechen der optimalen Netzwerktopologie in der Vorholung.

4.5.3.4 Kapazitätsmonitor

Das Lösungsverfahren zur Kapazitätsberechnung beschränkt sich auf die Netzwerkknotenpunkte, da die Netzwerkkanten in der Praxis nicht kapazitätslimitiert sind: Üblicherweise kann der Transportbedarf sowohl in der Vorholung als auch in der Feinverteilung in (fast) beliebigen Quantitäten kurzfristig am Markt beschafft werden, ggf. auch nur um die innerhalb eines Unternehmens zur Verfügung stehenden, limitierten Transportkapazitäten aufzustocken.

Die Kapazitätsberechnung stellt eine Ergänzung des Konfigurations- und Visualisierungsmodul von DISMOD dar. Das Modul dient dazu, die notwendige

Knotenkapazität sowohl für bestehende Netzwerke als auch für zukünftige Planungsvarianten zu visualisieren und mit den in den modellspezifischen Daten hinterlegten minimalen und maximalen Standortkapazitäten zu vergleichen. Die Kapazitätsintervalle werden vom Optimierungsmodul während des eigentlichen Optimierungsprozesses nicht berücksichtigt, sondern im Sinne eines Kapazitätsmonitors pro Netzwerkvariante im Nachhinein angezeigt.

Die Berechnung erfolgt sowohl für den dynamischen als auch für den statischen Kapazitätsbedarf der Auslieferungslager, Zentrallager und Umschlagpunkte:

- Die statische Kapazität der Standorte entspricht der Anzahl der gelagerten bzw. umgeschlagenen Palettenäquivalente innerhalb der betrachteten Periode.
- In den Auslieferungslagern wird die dynamische Kapazität innerhalb derselben Periode über die Anzahl der eingehenden Auftragszeilen und die Anzahl der ausgehenden Sendungen abgebildet.
- Die Berechnung der dynamischen Kapazität der Zentrallager und Umschlagpunkte erfolgt über die Anzahl der ein- und ausgehenden Auftragszeilen innerhalb der betrachteten Periode.

Die Mengengerüste (Palettenäquivalente, Anzahl Auftragszeilen und Sendungen) zur Berechnung der Kapazitätsbedarfe liegen als Ergebnis der Netzwerkoptimierung vor. Sie werden pro Planungsvariante getrennt nach dem statischen und dem dynamischen Kapazitätsbedarf an den Kapazitätsmonitor übergeben.

Der Kapazitätsmonitor beantwortet folgende Fragestellungen der Netzwerkoptimierung:

- Wann stoßen bestehende Standorte im Status quo an ihre Kapazitätslimite und um welche Kapazitäten wären sie ggf. zu erweitern?
- Sind bestehende Standorte, die zukünftig weiter genutzt werden sollen, ausreichend ausgelastet?
- Unter- oder überschreiten zukünftige, neue Standorte eine minimal erforderliche bzw. maximal sinnvolle Größe, die für einen effizienten Betrieb erforderlich ist?

- Welche Standortklassen werden zukünftig an welchen Standorten benötigt?

Die Ergebnisse des Kapazitätsmonitors werden zur Verbesserung des Planungsergebnisses der Feinoptimierung genutzt, um Transportbedarfe über Routenvorgaben in den modellspezifischen Daten gezielt an alternative Standorte umzuleiten. Dadurch können z. B.

- vorhandene Knotenpunkte optimal ausgelastet werden, die Bestandteil des zukünftigen Netzwerkes bleiben sollen,
- von der Feinoptimierung vorgeschlagene Knotenpunkte aufgelöst werden, die eine minimal sinnvolle Standortgröße unterschreiten sowie
- Knotenpunkte verkleinert werden, die eine maximal sinnvolle Standortgröße überschreiten.

Darüber hinaus ist es möglich die Standortklasse und damit die Kostensätze für die Lagerhaltungskosten manuell anzupassen. Dieser Schritt ist dann erforderlich, wenn die Kostensätze für den Betriebsmittelbedarf, die Infrastrukturkosten oder den Personalbedarf stark von der Standortgröße abhängen.

Nachdem die Anpassungen durchgeführt worden sind, erfolgt ein weiterer Planungslauf, in dem die durchgeführten Manipulationen berücksichtigt werden.

Aus der zeitlichen Entwicklung der notwendigen Standortkapazitäten kann zusätzlich eine sinnvolle Implementierungsreihenfolge für die Inbetriebnahme neuer Standorte bzw. zur Erweiterung bestehender Standorte abgeleitet werden.

4.5.3.5 Ergebnisse des Modells

Das Modell liefert die vollständige Lösung der Grundproblematik der betrieblichen Standortplanung, indem das Anzahl-, Standort-, Zuordnungs- und Stufenproblem von den globalen Beschaffungsmärkten bis zu den weltweit verteilten Kunden unter Berücksichtigung des Lieferservice und der totalen Distributionskosten gelöst wird.

Die Darstellung der Ergebnisse erfolgt graphisch im Visualisierungsmodul von DISMOD jeweils für eine ausgewählte Planungsperiode:

- Die Lage der Standorte wird auf Landkarten ausgegeben. Außerdem erfolgt eine graphische Kennzeichnung der Standorte, sodass sie als Auslieferungslager, Zentrallager oder Umschlagpunkt identifizierbar sind.
- Der Lieferservice wird in Form von farbigen Landkarten visualisiert, bei denen den verschiedenen Servicepaketen unterschiedliche Farben zugeordnet sind. Die erzielbare Auflösung lässt sich aus den landesspezifischen Postleitzahlen bzw. Postleitzahlengebieten ableiten. Bei Ländern ohne Postleitzahlensysteme können Repräsentanten festgelegt werden, die geographisch über den Längen- und Breitengrad definiert sind. Darüber hinaus wird der totale Lieferservice des betrachteten Distributionsgebiets pro Servicepaket tabellarisch angezeigt.
- Die Distributionskosten werden summarisch in Form von Tabellen und getrennt nach den Kostenarten sowie den Kosten für die Vorholung und die Feinverteilung ausgewiesen.
- Die Mengengerüste auf den Netzwerkkanten und in den Knotenpunkten können auf den Landkarten eingeblendet werden.
- Die minimalen und die maximalen Standortkapazitäten sowie die erforderlichen Standortkapazitäten werden pro Standort getrennt nach dem dynamischen und dem statischen Kapazitätsbedarf vergleichend in Tabellenform dargestellt.
- Die ökologische Verträglichkeit kann über den Transportbedarf nach Verkehrsträger oder einen Emissionsindex, der z. B. den CO_2-Ausstoss wiedergibt, dargestellt werden.

Der geographische Ausschnitt, der Zeitraum und die Detailebene der angezeigten Daten sind im Konfigurationsmodul von DISMOD frei wählbar. Außerdem ist es möglich, alle Ergebnisse auf Datensatzebene als niedrigster Detaillierungsebene aus den Datenbanken zu extrahieren und in externen EDV-Programmen graphisch aufzubereiten. Umgekehrt können die Daten in einer aggregierten Form gegenübergestellt werden, damit die verschiedenen Planungsvarianten effizient miteinander verglichen werden können.

4.5.4 Limitationen des Modells

Im Gegensatz zur vorgelagerten Optimierung berücksichtigt das Modell der Feinoptimierung alle Leistungs- und Kostentreiber globaler Distributionsnetzwerke und beinhaltet weder Einschränkungen bezüglich der Netzwerktopologie, noch müssen Vereinfachungen hinsichtlich der Anzahl oder der Verteilung von Lieferanten und Produktionswerken sowie der zu beliefernden Kunden getroffen werden.

Bei der fehlenden Kapazitätsbetrachtung auf den Netzwerkkanten handelt es sich um keine Limitation des Modells im eigentlichen Sinn. Das Visualisierungsmoduls kann bei Bedarf entsprechend nachgerüstet werden, falls ein spezifisches Planungsproblem diese Funktionalität erfordern sollte.

Sinngemäß das Gleiche gilt für die fehlende Integration der Standortkapazitätslimite in den Optimierungsalgorithmus: Da erst nach erfolgter Optimierung die erforderlichen Knotenkapazitäten bekannt sind, wird bei allfälligen Anpassungen ein weiterer Optimierungslauf erforderlich, wodurch der Optimierungsaufwand erhöht, aber das Planungsergebnis nicht beeinträchtigt wird.

Die Einschränkungen des Modells liegen in der erzielbaren Genauigkeit der Ergebnisse und in der zur Verfügung stehenden Auflösung zur Berechnung des Lieferservice und der Distributionskosten.

Die Berechnung des Lieferservice beruht auf wegenetzbasierten Durchschnittsgeschwindigkeiten, die in der Praxis abweichen können. Falls z. B. Lagerstandorte in der Nähe von Transportdienstleistern angesiedelt sind, ist es möglich innerhalb der gleichen Transportzeit weiter entfernte Kunden zu erreichen. Außerdem haben insbesondere Paketversender Methoden entwickelt, mit denen sie Distanzen mit höheren Durchschnittsgeschwindigkeiten überbrücken können (intermodale Transporte mit Flugzeugen, Begegnungsverkehre, virtuelle Umschlagpunkte auf Parkplätzen, etc.), wodurch sich der Lieferservice bezogen auf einen Standort verbessert. Insgesamt wird der mögliche Lieferservice der Auslieferungslager deshalb eher zu niedrig ausgewiesen.

Eine weitere Einschränkung der Ergebnisgenauigkeit ist die reine Betrachtung von Mittelwerten für alle Leistungs- und Kostentreiber. Die Ergebnisse des Modells weisen deshalb eine höhere Effizienz aus, als dies in der Praxis erreichbar sein wird, da die Kapazitäten aller Basiselemente konstant und optimal ausgelastet sind und keine Leerkapazitäten für Lastspitzen vorgehalten werden müssen.

Im Modell wird das Angebot an Lagerplätzen und Arbeitskräften innerhalb einer Periode als vollständig variabel betrachtet, was in der Praxis nur im Idealfall einer vollständigen Fremdvergabe der Lagerstandorte und der Umschlagpunkte realisierbar sein dürfte. Sofern die Standorte eigenbetrieben sind, haben die Infrastrukturkosten und z. T. auch die Personalkosten Fixkostencharakter. Faktisch ergeben sich dadurch tendenziell zu geringe Infrastruktur- und Personalkosten, insbesondere bei Eigenbetrieb der Standorte.

Die Kalkulation der Infrastrukturkosten der Knotenpunkte basiert auf der Menge der gelagerten bzw. umgeschlagenen Palettenäquivalente. Die Berechnung der Palettenäquivalente führt zu einer optimalen Packungsdichte der eingelagerten Artikel, was in der Praxis kaum erreichbar ist. Diese Ungenauigkeit führt zu einer Unterschätzung der real erforderlichen Standortkapazitäten, wodurch die Infrastrukturkosten tendenziell zu gering ausfallen. Dieser Effekt wirkt sich kaum auf die Transportkapazität aus, da im Verpackungs- und Verladeprozess eine möglichst hohe Packungsdichte angestrebt wird und in der Praxis vorkommende Auslastungsverluste im Kostentreiber Transportmittelauslastung bereits berücksichtigt sind.

Das Modell zur Berechnung der Bestände in den Netzwerkknoten basiert auf einer r-Q-Lagerhaltungspolitik. Diese Lagerhaltungsstrategie ist in der Praxis problematisch, da keine Rückkopplung zur Nachfrage besteht und deshalb die Bestände nach oben oder nach unten aus dem Ruder laufen können. Die Ergebnisgenauigkeit aller Knotenpunktbestände ist deshalb fehlerbehaftet, was je nach Planungsproblem zu einer Unterschätzung oder Überschätzung der Lagerhaltungs- und der Kapitalkosten führt.

Die Kostenfunktionen werden in den meisten Fällen Abweichungen zur Praxis aufweisen, da sich insbesondere komplexe Lagerstandorte oder Transporttarife nur mit einer Korrelationsrate von kleiner eins in handhabbaren Kostenfunktionen überführen lassen. Insbesondere die Lagerhaltungs- und die Transportkosten können aufgrund der eingeschränkten Genauigkeit nach oben oder nach unten abweichen.

Die Berechnung des Lieferservice und der Transportkosten zu den Kunden beruht auf der Zuordnung der Anlieferpunkte zu dem Postleitzahlensystem des jeweiligen Landes. In den meisten Fällen ist die einer Postleitzahl zugeordnete Fläche nicht konstant, wodurch es zu Diskretisierungsfehlern nach oben und nach unten bei der Berechnung des Lieferservice und der Transportkosten in der Feinverteilung kommen kann. Insbesondere in dünn besiedelten Gebieten führt die Kumulation der in der Fläche verteilten Kunden auf eine Postleitzahl mit einem großen Einzugsgebiet zu Fehlern aufgrund der eingeschränkten Auflösung. Um die Distributionsgebiete dicht besiedelter Regionen an diejenigen der dünn besiedelten Gebiete anzugleichen, könnten bei der Geo-Codierung der Anlieferadressen in den Ballungsgebieten nur die führenden Stellen der Postleitzahl verwendet werden. Dadurch würde allerdings die Genauigkeit der Berechnung in den Ballungsgebieten sinken und der relative Fehler weiter ansteigen.

Insgesamt weist das Modell keine unzulässigen Vereinfachungen, aber durchaus Abweichungen zur Realität auf, deren Magnituden vom spezifischen Planungsproblem abhängen. Bei der Bewertung der Fehler sollte allerdings berücksichtigt werden, dass das Modell nicht zur operativen Verbesserung von globalen Distributionsnetzwerken, sondern zu deren strategischen Optimierung entwickelt wurde. Die modellimmanenten Fehler dürften außerdem in den meisten Fällen deutlich kleiner sein als die unvermeidbaren Fehler bei der Extrapolation der Planungsgrundlagen in die Zukunft, die auf strategischen Annahmen beruhen.

4.6 Lösungsbewertung

4.6.1 Bewertung der Lösungsalternativen

Das Lösungsverfahren der Feinoptimierung liefert eine Bandbreite an Lösungsalternativen, von denen die am besten geeignete Variante anhand von quantitativen ökonomischen und ökologischen sowie qualitativen Bewertungskriterien auszuwählen ist (siehe Abb. 4.26).

Lösungsblatt

Ökonomische Bewertung (quantitativ) (z. B. Lieferservice nach Servicepaketen, Servicelandkarten, Distributionskosten nach Kostenarten)
Ökologische Bewertung (quantitativ) (z. B. Emissionsindex nach TonKm pro Verkehrsträger)
Lösungsbewertung (qualitativ) (z. B. Nutzungspotential vorhandener Infrastruktur, Komplexität, Standardisierung, Sensitivität gegenüber Markteinflüssen, Redundanz gegenüber Standortausfällen)

Abb. 4.26 Lösungsblatt zur quantitativen und qualitativen Bewertung der Lösungsalternativen (schematisch)

Für die quantitative ökonomische Evaluierung sind der Lieferservice und die totalen Distributionskosten der verschiedenen Planungsvarianten entlang ihrer zeitlichen Entwicklung miteinander zu vergleichen. Dabei gibt der Anfangszeitpunkt der Planungsperiode den Lieferservice und die totalen Distributionskosten des bestehenden Distributionsnetzwerkes wider. Üblicherweise erfolgt eine Betrachtung des Lieferservice pro Servicepaket, der dem gewichteten Mittelwert des Lieferservice über alle Sendungen eines Servicepakets entspricht. Zusätzlich ist es sinnvoll mit Servicelandkarten zu arbeiten, auf denen der erzielbare Lieferservice graphisch abgetragen wird. Die Betrachtung der Distributionskosten erfolgt zumeist summarisch und aufgeteilt nach den Distributionskostenarten, evtl. zusätzlich getrennt nach Vorholung und Feinverteilung.

Neben der ökonomischen Betrachtung kann zusätzlich eine ökologische Komponente in die Bewertung einfließen, in der die Umweltverträglichkeit des Distributionsnetzwerkes eingeht. Die Umweltverträglichkeit kann über den Transportbedarf pro Verkehrsträger (z. B. in Tonnenkilometer) ausgedrückt werden, um das Transportgewicht und die Transportdistanz nach Transportmitteln darzustellen. Ökologisch verträgliche Distributionsnetzwerke nutzen zur Erfüllung des Transportbedarfs überwiegend umweltverträgliche Transportmittel wie z. B. das Schiff bzw. die Bahn und verzichten weitgehend auf Sondertransportmittel wie Luft- bzw. Expressfrachten. Alternativ könnte mit einem transportmittelspezifischen Emissionsindex gearbeitet werden, der sich proportional zu dem Transportbedarf der einzelnen Verkehrsträger verhält.

Die qualitative Bewertung der Lösungsvarianten erfolgt auf Basis einheitlicher Bewertungskriterien, die abhängig vom Planungsproblem zu definieren sind und z. B. wie folgt lauten können:

- Nutzungspotential vorhandener Infrastruktur: Es sollen möglichst wenige bestehende Standorte verlagert werden, um Widerstände bei der späteren Umsetzung der Optimalvariante und den Implementierungsaufwand zu minimieren.
- Komplexität der Lösung: Varianten mit möglichst wenigen Standorten und einem übersichtlichen Materialfluss sind zu bevorzugen, damit das Netzwerk operativ beherrschbar bleibt.
- Standardisierung: Die Netzwerkknoten sollen hinsichtlich der Standortgröße nicht zu stark voneinander abweichen, damit sie in einige wenige Standortklassen eingeteilt und innerhalb der jeweiligen Klasse die Infrastruktur, die Prozesse und die Systeme standardisiert werden können.
- Sensitivität gegenüber Markteinflüssen: Die Lösung soll aufgrund der zumeist langen Planungsperiode eine geringe Sensitivität gegenüber externen Markteinflüssen, wie z. B. steigenden Transportkosten aufweisen.
- Redundanz gegenüber Standortausfällen: Nach Möglichkeit soll sich in keinem Land mehr als ein Auslieferungslager befinden, um die Auswirkungen von Standortausfällen wegen z. B. nationaler Streiks zu reduzieren.

Die Bewertung der qualitativen Kriterien für die unterschiedlichen Lösungsvarianten kann tabellarisch mittels eines einfachen Punktesystems oder mit anderen Methoden der Entscheidungstechnik erfolgen.

Die Erfüllung der qualitativen Vorgaben kollidiert möglicherweise mit den quantitativen Zielvorgaben. In diesen Fällen ist abzuwägen, welches Kriterium die höhere Priorität genießt. Um diesen Prozess zu vereinfachen, können weitere Optimierungsläufe im Sinne von Sensitivitätsanalysen durchgeführt werden, in denen die Auswirkungen der qualitativen Anforderungen auf die quantitativen Zielvorgaben sichtbar werden.

4.6.2 Sensitivitätsanalysen

Die anhand der quantitativen und der qualitativen Kriterien ausgewählte Optimalvariante sollte Sensitivitätsanalysen unterzogen werden, um

- die Auswirkungen von manuellen Anpassungen an der Optimalvariante zu untersuchen,
- die Sensitivität gegenüber den Annahmen in den strategischen und statistischen Daten zu evaluieren und
- Auswirkungen von Ausfallszenarien zu erkennen.

Die Konsequenzen von manuellen Anpassungen an der optimierten Netzwerkstruktur auf den Lieferservice und die totalen Distributionskosten müssen quantifiziert werden, um sicher zu stellen, dass die Variante weiterhin der Optimalvariante entspricht. Zum Beispiel kann die Auswirkung auf den Lieferservice und die Distributionskosten untersucht werden, wenn möglichst wenige existierende Standorte verlagert werden sollen. Aus dem Ergebnis kann abgeleitet werden, ob es günstiger ist diese Standorte beizubehalten, oder besser zu verlagern.

Die Sensitivität gegenüber den Annahmen in den strategischen Daten der Planungsgrundlagen sollte überprüft werden, um die Fehlertoleranz der Optimalvariante abzuschätzen. Zum Beispiel kann die Optimalvariante für das pessimistische und das optimistische Umsatz- bzw. Artikelwachstum durchoptimiert werden. Falls die Lösung kippt, kann in gleicher Weise für die zweitbeste Planungsvariante verfahren werden, die evtl. weniger sensitiv reagiert und deshalb implementiert werden sollte.

In gleicher Weise kann zur Ermittlung der Sensitivität gegenüber Veränderungen der statistischen Daten vorgegangen werden, indem z. B. die Transporttarife willkürlich verdoppelt und die Auswirkungen auf die Optimalvariante untersucht werden.

Nachdem die bereits diskutierten Sensitivitätsanalysen durchgeführt worden sind, können die Auswirkungen von definierten Ausfallszenarien berechnet werden. Zum Beispiel können in einem weiteren Optimierungslauf die Anzahl und die Lage der Standorte gemäß der Optimalvariante fest vorgegeben werden. Jetzt ist es möglich gezielt einen Standort zu entfernen, wodurch das Optimierungsmodul ohne das Hinzufügen weiterer Standorte das Zuordnungsproblem neu löst. Das Ergebnis zeigt auf wie stark sich der Standortausfall auf den Lieferservice und die Distributionskosten auswirkt. Dem Kapazitätsmonitor kann entnommen werden, ob die Neuzuordnung der Lieferadressen zu einem Überschreiten der maximalen Standortkapazität der Backup-Standorte führen würde, die ggf. mit einer Verlängerung der Arbeitszeit (z. B. Übergang zum Dreischichtbetrieb) kompensiert werden müsste.

Eine wesentliche Information besteht darin, dass aus dem Vergleich mit der Optimalvariante sichtbar wird, welche Standorte als Backup-Standorte fungieren können. Obwohl der Aufwand in Netzwerken mit einer hohen Standortanzahl beträchtlich ist, kann ein Standort nach dem anderen abgeschaltet werden, um herauszufinden welche Standorte mit welcher Kapazität belastet werden. Daraus lässt sich ein praxistauglicher Backup-Plan für das globale Distributionsnetzwerk entwickeln und umsetzen.

5 Anwendung der holistischen Distributionsplanungsmethode

5.1 Ausgangssituation

Die vom Verfasser entwickelte Methodenkombination zur holistischen Optimierung globaler Distributionsnetzwerke ist für Unternehmen entwickelt worden, aus deren Geschäftsmodell hohe Anforderungen an die Distributionslogistik resultieren.

Die Hilti AG mit Sitz in Schaan, Liechtenstein ist ein Hersteller von professionellen Produkten und Systemen für die Bauwirtschaft und erfordert aufgrund ihres serviceorientierten Direktvertriebsmodells ein leistungsstarkes Distributionsnetzwerk von den globalen Lieferquellen bis zu den internationalen Absatzmärkten. Die vorgestellte Methode ist zu großen Teilen im Zuge einer praktischen Anwendung am Beispiel der Hilti AG in den Jahren 2006 und 2007 entwickelt worden.

Die Hilti AG ist ein führendes Unternehmen in der Entwicklung, Herstellung und im Vertrieb qualitativ hochwertiger Produkte und Systeme für den professionellen Kunden in der Baubranche und verfügt über 90 eigene Vertriebsniederlassungen sowie 30 exklusive Handelspartner – sogenannte Distributoren – weltweit.

Die Hilti AG verkauft ihre Produkte im Direktvertrieb an die global verteilten Kunden und verspricht eine Lieferung am nächsten Tag für ca. 95% der Kundenaufträge, die aufgrund der angestrebten Warenverfügbarkeit von 98% in Komplettlieferungen ausgeliefert werden sollen. Darüber hinaus gibt es ein Netzwerk von eigenen Verkaufsgeschäften – sogenannte Hilti Center, in denen ein kleiner Ausschnitt des Produktportfolios gekauft und sofort mitgenommen werden kann.

West- und Osteuropa sowie Nordamerika (USA und Kanada) sind die umsatzstärksten Verkaufsregionen. Zusammen wird in diesen Märkten 85% des Konzernumsatzes erzielt. Dabei sind Westeuropa und Nordamerika etablierte aber noch nicht gesättigte Märkte, wohingegen Osteuropa ein starker Wachstumsmarkt auf noch relativ geringem Niveau ist.

Das Produktportfolio gliedert sich in die Produktlinien Bohr-, Schneid- und Abbruchtechnik, Befestigungstechnik, Brandschutzsysteme, Messtechnik und Schienensysteme und besteht aus ca. 10.000 internationalen und 4.000 nationalen Verkaufsartikeln sowie rund 14.000 Ersatzteilen, die alle Bestandteil des betrachteten Planungsproblems sind. Die Produkte unterscheiden sich erheblich hinsichtlich ihrer Abmessungen und ihrer Wertdichte. Ein kleiner Ausschnitt der Produkte ist als Gefahrgut klassifiziert.

Die Beschaffungsmärkte haben ihren Schwerpunkt in Westeuropa und Asien. Auf der Beschaffungsseite gibt es ca. 450 Lieferanten von Fertigprodukten und acht eigene Produktionswerke, die global verteilt sind. Alle weltweit verteilten Beschaffungsquellen sind Bestandteil der Optimierung in der Vorholung. Eine Besonderheit besteht darin, dass im größten Absatzmarkt Nordamerika kaum internationale Artikel beschafft werden, weshalb die Verkaufsartikel und Ersatzteile zum größten Teil aus Europa und Asien importiert werden müssen.

Die Netzwerktopologie im Status quo ist über sechs Jahrzehnte des kontinuierlichen Wachstums entstanden und besteht in Europa aus über 20 Auslieferungslagern, welche die Kunden und Hilti Center versorgen. Die Auslieferungslager werden zu ca. 50% von einem Zentrallager in Liechtenstein und zu ca. 50% direkt bzw. über Umschlagpunkte von den weltweiten Produktionswerken und Lieferanten beliefert. Aus firmeninternen Gründen war es in der Vergangenheit nur in wenigen Ausnahmen möglich von einem europäischen Auslieferungslager Kunden oder Hilti Center außerhalb der Landesgrenze zu beliefern. Diese Limitation konnte im Jahr 2005 aufgehoben werden.

In Nordamerika gibt es ein Netzwerk von mehr als zehn Auslieferungslagern, welche von einem Zentrallager in den USA mit Nachschub versorgt werden. Das Zentrallager wird zum größten Teil von den weltweiten Produktionswerken und Lieferanten direkt beliefert. Ein Teil der Produkte kommt aus dem Zentrallager in Liechtenstein. Es ist zwar möglich Waren von US-amerikanischen an kanadische Kunden sowie Hilti Center und umgekehrt zu liefern, jedoch ist die Einhaltung der Lieferzeit in diesen Fällen aufgrund der Verzollungszeiten an der Grenze nicht möglich, weshalb der Prozess kaum genutzt wird. Eine weitere Besonderheit liegt in der Tatsache begründet, dass sowohl in den USA als auch in Kanada ca. 25% der Kundenaufträge von den Hilti

Centern und nicht von den Auslieferungslagern ausgeliefert werden. Die Hilti Center sind in einer Zwitterfunktion Verkaufspunkte und kleine Auslieferungslager. Die Kosten für die Lagerhaltung und die Kapitalkosten werden zu 100% den Vertriebskosten zugeschlagen und tauchen deshalb im Gegensatz zu den Transportkosten nicht in den totalen Distributionskosten auf.

In Europa gibt es über 40 Reparaturcenter, deren Versorgung mit Ersatzteilen direkt von dem Zentrallager in Liechtenstein aus erfolgt. Die Ersatzteile für die kleiner zehn nordamerikanischen Reparaturcenter werden von dem Liechtensteinischen Zentrallager an das Zentrallager in den USA und von dort direkt an die Reparaturcenter geliefert. Die Reparaturcenter befinden sich in Europa überwiegend in den Auslieferungslagern (oder in deren unmittelbarer räumlichen Nähe) und überwiegend in separaten Standorten in Nordamerika. In den Reparaturcentern wird eine totale Durchlaufzeit von drei Tagen für ein Reparaturgerät angestrebt, die sich zu je einem Tag für die Abholung beim Kunden, den eigentlichen Reparaturprozess sowie die Rücklieferung zum Kunden zusammensetzt. Aus diesem Grund gilt für die Reparatursendungen der gleiche „Next Day“-Lieferservice wie für Standardkundenaufträge. Die angestrebte Ersatzteilverfügbarkeit in den Reparaturcentern entspricht mit 98% derjenigen der Auslieferungslager.

Die Zentrallager und die überwiegende Zahl der europäischen und nordamerikanischen Auslieferungslager sowie die Reparaturcenter werden von der Hilti AG selbst betrieben, wohingegen die Umschlagpunkte und alle Transporte fremd vergeben sind. In Nordamerika sind die Auslieferungslager ebenfalls eigenbetrieben, jedoch werden die Lagergebäude gemietet.

Die IT-Strategie ist es alle Vertriebsorganisationen und die Zentraleinheiten sowie die Produktionswerke auf SAP zu migrieren. Zum Zeitpunkt des Projektes der Distributionsnetzwerkoptimierung bestand insbesondere in Osteuropa noch eine heterogene IT-Struktur, so dass ca. drei Viertel der Daten in SAP und der Rest in proprietären ERP-Systemen vorgelegen haben.

5.2 Zielsetzung

Im Rahmen der langfristigen Unternehmensstrategie ist das bisherige Geschäftsmodell bestätigt und eine klare Unternehmensstrategie für einen

Planungszeitraum von zehn Jahren formuliert worden, aus der die folgenden netzwerkstrukturbestimmenden Teilstrategien abgeleitet werden konnten:

- Im Fordergrund steht die Sicherstellung eines „Next Day"-Standardlieferservice für alle A- und B-Artikel in den umsatz- und wachstumsstarken Verkaufsgebieten, die in der Vertriebsstrategie festgelegt sind. Neben dem Standardlieferservice „Next Day"- sind noch „Same Day"-, „Next Morning"- und „Two Day"-Servicepakete definiert und in einer Matrix den Umsatzkategorien und Verkaufsgebieten zugeordnet worden. Eine Differenzierung nach Kundengruppen, Produktlinien und Vertriebskanälen wurde nicht vorgesehen. In Nordamerika ist in ausgewählten Ballungszentren ein „Same Day"-Lieferservice anzustreben.
- Die realistische, aggregierte Steigerung des Umsatzes in den betrachteten Märkten liegt in der Größenordnung eines fast dreistelligen Prozentsatzes. Darüber hinaus sind Prognosen für den pessimistischen und den optimistischen Fall der Umsatzentwicklung sowie eine angestrebte Verlagerung des Umsatzes von den Hilti Centern zu dem Online-Kanal „Hilti Online" berücksichtigt worden.
- Die Vergrößerung des Produktportfolios beträgt einen niedrigen einstelligen Prozentwert pro Jahr inkl. der Ersatzteile, jedoch ist eine weitere Umsatzverlagerung zu Produktlinien mit einer niedrigen Wertdichte zu berücksichtigen. Zusätzlich zum realistischen Planungsfall sind pessimistische und optimistische Wachstumsszenarien abgeleitet worden.
- Innerhalb der strategischen Planungsperiode wird eine weitere Verlagerung der Beschaffungsaktivitäten nach Asien (insbesondere China und Indien) sowie Osteuropa angestrebt, mit dem Ziel einen hohen zweistelligen Prozentsatz des Beschaffungsvolumens in Niedriglohnländern einzukaufen. Darüber hinaus ist eine Bandbreite definiert worden, die neben der realistischen eine pessimistische und eine optimistische Verlagerungsvariante enthält.

Als übergeordnete Optimierungszielsetzung wird die Erreichung des geforderten Lieferservice zu minimalen Kosten unter Berücksichtigung der in den Teilstrategien formulierten strategischen Zielsetzungen angestrebt.

Aus der strategischen Zielsetzung des Unternehmens und der neugeschaffenen Möglichkeit auch innerhalb Europas eine grenzüberschreitende Feinverteilung zu den Kunden und Hilti Centern durchführen zu können, sind folgende Fragestellungen formuliert worden, die von der holistischen Optimierung des globalen Distributionsnetzwerks der Hilti AG zu beantworten waren:

- Welcher Lieferservice wird heute tatsächlich zu welchen Kosten erreicht? Zu welchen Zeitpunkten müssen die bestehenden Standorte um welche Kapazität erweitert werden und wie entwickeln sich der Lieferservice und die Distributionskosten des bestehenden Netzwerkes auf Basis einer reinen Kapazitätserweiterung bis zum Ende der strategischen Planungsperiode?
- Zu welchen minimalen totalen Distributionskosten (Lagerhaltungs-, Transport- und Kapitalkosten) kann der zukünftig geforderte Lieferservice erreicht werden (Lieferzeit und Warenverfügbarkeit) und sind die Kosten dafür vom zukünftigen Geschäftsmodell finanzierbar?
- Wie viele Auslieferungslager, Zentrallager und Umschlagpunkte sind an welchen Standorten erforderlich und welche bestehenden Standorte können weiter verwendet werden?
- Ist es sinnvoll ein Distributionsnetzwerk für das gesamte Produktportfolio inkl. der Ersatzteile zu betreiben oder sollten segmentierte Distributionsnetzwerke vorgesehen werden? Wie würde eine Segmentierung aussehen und zu welchem Zeitpunkt wäre welche Segmentierung sinnvoll?
- Welche Auswirkungen auf das globale Distributionsnetzwerk hat die Verlagerung der Beschaffungsmärkte in Niedriglohnländer? Sind die strategisch geplanten Verlagerungen unter einer „Total-Cost-of-Ownership"-Betrachtung wirtschaftlich sinnvoll?
- Welche Veränderungen im Lieferservice und bei den Distributionskosten sind für das europäische Distributionsnetzwerk aufgrund der Möglichkeit grenzüberschreitender Kunden- und Hilti Center-Belieferungen zu erwarten?
- Wie reagiert eine optimierte Netzwerkstruktur auf Veränderungen der wesentlichen Kostentreiber (insbesondere des Transportbedarfs) und der wichtigsten Kostensätze (insbesondere der Transporttarife) und lassen sich die Auswirkungen aufgrund struktureller Maßnahmen verringern?

- Ist es möglich Backup-Szenarien für den längerfristigen Ausfall einzelner Auslieferungslager vorzusehen? Wie würden diese aussehen?

Der Umfang der Aufgabe und die Vielzahl der Fragestellungen waren die Motivation für die vom Verfasser entwickelte und in dieser Arbeit vorgestellte holistische Distributionsplanungsmethode für globale Distributionsnetzwerke.

5.3 Vorgehensweise

Die generelle Vorgehensweise entspricht der in Kapitel 4 vorgestellten holistischen Distributionsplanungsmethode:

- Im ersten Schritt wird die Planungsbasis aus den Anforderungen des Geschäftsmodells und der Unternehmensstrategie abgeleitet.
- Mittels der vorgelagerten Optimierung wird der Lösungsraum für das Anzahlproblem der Auslieferungslager eingeschränkt.
- Die Feinoptimierung führt zu Lösungsalternativen, aus denen mit der anschließenden
- Lösungsbewertung das optimale globale Distributionsnetzwerk für die Hilti AG in Europa und Nordamerika ausgewählt wird.

Das vorliegende Planungsproblem weist einige strukturelle Besonderheiten und spezifische Aspekte in der Zielsetzung auf, die wie folgt berücksichtigt worden sind:

- Zunächst ist festgelegt worden die Distributionsnetzwerke für Europa und Nordamerika getrennt voneinander zu optimieren, da es Überlappungen innerhalb der Systemgrenze nur in der europäischen Vorholung, jedoch nicht auf der Seite der Kundenbelieferung gibt. Die aggregierte Nachfrage aus Nordamerika bei den europäischen Produktionswerken und Lieferanten wird über festgelegte Abgangshafen an der Nordseeküste eingespeist und ist dadurch Bestandteil der Optimierung der innereuropäischen Vorholung. Diese Maßnahme reduziert die Komplexität des Planungsproblems erheblich und hat keine negativen Auswirkungen auf die Qualität der Ergebnisse.
- Da aus strategischen Überlegungen heraus die Hilti Center zukünftig keine Kundenbelieferungen mehr durchführen sollen, können sie als eigene Kundengruppe in den Planungsdaten abgebildet werden. Den Hilti

Centern als Kunden wird das „Two Day"-Servicepaket zugeordnet. Dadurch können die Anzahl der Auslieferungspunkte zu den Kunden von einigen tausend Hilti Centern auf deutlich unter hundert Auslieferungslager reduziert und den einzelnen Elementen der Planungsdaten definierte Aufgaben zugeordnet werden, indem die Zwitterfunktion der Hilti Center entfällt.

- Ein weiterer Aspekt innerhalb der Zielsetzung ist die Untersuchung grenzüberschreitender Verkehre, weshalb der Abbildung der Landesgrenzen besondere Beachtung zugekommen ist. Zunächst erfolgt eine Differenzierung in Grenzüberschreitungen innerhalb eines Wirtschaftsraums und Grenzüberschreitungen zwischen zwei Wirtschaftsräumen. Im ersten Fall sind nur die Transportkostenzuschläge für die Grenzüberschreitung in den Transportkostenfunktionen zu berücksichtigen. Im zweiten Fall sind ebenfalls höhere Transportkostenzuschläge anzusetzen und es reduziert sich darüber hinaus innerhalb der Transportzeit die Nettofahrzeit um den Zeitbedarf der Verzollung.
- Die Routen für alle Seetransporte sind über den Abgangs- und Empfangshafen in einer Matrix fest vorgegeben worden, da ohnehin nur wenige Routenoptionen von den Reedereien am Markt angeboten werden und die Hilti AG mit den vorgegebenen Überseehafen gute Erfahrungen in der operativen Abwicklung sammeln konnte.

Als Vergleichsnormal sind die bestehenden Netzwerke in Europa sowie Nordamerika ausgewählt worden, weshalb in einer ersten Fragestellung der maximale Lieferservice für die im Status quo eingesetzten totalen Distributionskosten mittels der Feinoptimierung zu bestimmen war. Im nächsten Schritt wurden alternative Planungsvarianten über die vorgelagerte und die anschließende Feinoptimierung generiert und für unterschiedliche Zeitpunkte in der Zukunft inkl. der erforderlichen Knotenpunktkapazitäten optimiert. Mit der quantitativen und qualitativen Lösungsbewertung ist je eine Optimalvariante für die Feinverteilung und die Vorholung für Europa sowie Nordamerika ausgewählt worden. Die Optimalvarianten wurden im letzten Schritt der Netzwerkoptimierung getrennten Sensitivitätsanalysen unterzogen.

5.4 Ergebnis

Aus Sicht der Hilti AG stellt die Erreichung eines definierten Ziellieferservice zu minimalen totalen Distributionskosten das wesentliche ökonomische Bewertungskriterium dar (Minimalprinzip).

Eine ökologische Betrachtung ist nicht explizit durchgeführt worden, da aufgrund der niedrigen Wertdichte des Produktportfolios grundsätzlich kostengünstige Transportmittel wie das Schiff für Überseetransporte, die Bahn für Transporte zwischen Hafen, Umschlagpunkten und Zentrallagern sowie LKW-Transporte in der Vorholung betrachtet worden sind. Die genannten Transportarten stellen niedrige Schadstoffemissionen bezogen auf den Transportbedarf im Vergleich zu Luftfrachten und Expresssendungen sicher. Auf Luft- und Expresssendungen ist in der Vorholung vollständig verzichtet worden, lediglich in der Feinverteilung sind zu einem geringen Anteil diese kosten- und emissionsintensiven Transportarten zugelassen worden.

Bei der qualitativen Bewertung sind die Nutzung vorhandener Infrastruktur, eine niedrige Komplexität der Lösung, eine hohe Standardisierung, eine niedrige Sensitivität gegenüber externen Markteinflüssen und eine hohe Redundanz gegenüber Standortausfällen als entscheidungsrelevant angesehen worden.

Da es sich bei allen quantitativen Ergebnissen um Betriebsgeheimnisse der Hilti AG handelt, wird in der weiteren Ergebnisdarstellung auf absolute Zahlen verzichtet. Alle Ergebnisse werden relativ zur Vergleichsbasis (100%) als Prozentwert angegeben. Die Vergleichsbasis bildet das bestehende Netzwerk zum Ende der betrachteten Planungsperiode.

Dieselbe Vorgehensweise wird zur Darstellung der qualitativen Ergebnisse verwendet, in dem relativ zur Vergleichsbasis die untersuchten Lösungskriterien bewertet werden.

5.4.1 Europa

Das bestehende Distributionsnetzwerk in Europa kann die gestellten „Next Day"-Lieferservicezielsetzung nicht erfüllen, ohne in einem größeren Umfang Expresssendungen zu nutzen und auf die Hilti Center als Auslieferungspunkte zurückzugreifen. Grenzüberschreitende Lieferungen an Kunden sind nur an vereinzelte, kleine Märkte durchgeführt worden, da – wie bereits erwähnt – eine grenzüberschreitende Kundenbelieferung erst im Jahr 2005 möglich geworden ist.

Aufgrund der Tatsache, dass das bestehende Distributionsnetzwerk in Europa den Ziellieferservice bereits zu Beginn der strategischen Planungsperiode nicht erfüllt, sind weitere Varianten untersucht worden, von denen exemplarisch die folgenden beschrieben werden (siehe Abb. 5.1):

- Bestehendes Netzwerk mit grenzüberschreitender Kundenbelieferung,
- „Next Day"-Lieferservice des bestehenden Netzwerkes zu minimalen Distributionskosten,
- „Next Day"-Ziellieferservice.

Das bestehende Netzwerk mit grenzüberschreitenden Kundenbelieferungen weist einen um vier Prozent höheren „Next Day"-Lieferservice gegenüber der Vergleichsbasis auf. Das heißt bereits ohne zusätzliche bzw. räumliche Verschiebung von Auslieferungslagern lässt sich der Lieferservice verbessern, indem den Auslieferungslagern aufgrund der Möglichkeit der grenzüberschreitenden Belieferung andere Distributionsgebiete zugeteilt werden.

Die Kapazität der Standorte ist in dieser Planungsvariante im Modell angepasst worden, was aufgrund der bestehenden räumlichen und baulichen Gegebenheiten der vorhandenen Auslieferungslager in der Praxis nicht möglich wäre. Aufgrund der nicht möglichen kapazitativen Erweiterung der vorhandenen Infrastruktur ist diese Planungsvariante aus dem Lösungsraum ausgeschieden, obwohl sie einen um vier Prozent höheren „Next Day"-Lieferservice als die Vergleichsbasis bei konstanten Distributionskosten aufweisen würde.

Die wesentliche Erkenntnis aus der Betrachtung dieser Variante ist, dass die grenzüberschreitende Kundenbelieferung in allen anderen europäischen Planungsvarianten vorzusehen ist, da damit Verbesserungen beim Lieferservice ohne Mehrkosten erzielbar sind.

Die zweite betrachtete Lösungsvariante hebt die Lage der bestehenden Auslieferungslager auf und verdeutlicht, dass der „Next Day"-Lieferservice der Vergleichsbasis zu vier Prozent niedrigeren Distributionskosten erzielbar wäre. Diese Planungsvariante dient dazu, die Mehrkosten des aus dem Geschäftsmodell und der Unternehmensstrategie abgeleiteten Ziellieferservice zu quantifizieren.

Alle Ergebnisse Ende der Planungsperiode	Bestehendes Netzwerk ohne grenzüberschr. Kundenbel.	Bestehendes Netzwerk mit grenzüberschr. Kundenbel.	Bestehender Lieferservice „Next Day" zu min. Kosten	Ziellieferservice „Next Day" zu min. Kosten
Lieferservice nach Servicepaketen (relativ zur Vergleichsbasis)				
„Same Day"	Vergleichsbasis	+2%	0%	+2%
„Next Morning"	Vergleichsbasis	0%	+4%	+6%
„Next Day" only	Vergleichsbasis	+2%	-4%	-2%
„Next Day" total	Vergleichsbasis	+4%	0%	+6%
„Two Day"	Vergleichsbasis	-4%	0%	-6%
Distributionskosten (relativ zur Vergleichsbasis)				
Lagerhaltungskosten	Vergleichsbasis	+1%	-6%	+2%
Transportkosten	Vergleichsbasis	-2%	-1%	-4%
Kapitalkosten	Vergleichsbasis	+1%	-8%	+7%
Distributionskosten	Vergleichsbasis	0%	-4%	+1%
Ökologische Bewertung: Nicht betrachtet				
Qualitative Lösungsbewertung (relativ zur Vergleichsbasis)				
Nutzungspotential vorhandener Infrastruktur	Vergleichsbasis	Kapazitätserweiterung nicht realisierbar	niedriger	unverändert
Komplexität	Vergleichsbasis	unverändert	niedriger	höher
Standardisierung	Vergleichsbasis	unverändert	höher	höher
Sensitivität gegenüber Markteinflüssen	Vergleichsbasis	unverändert	niedriger	niedriger
Risiko gegenüber Standortausfällen	Vergleichsbasis	unverändert	unverändert	niedriger
Gesamtbewertung				
Rangfolge Lösungsalternativen	3	Nicht realisierbar	2	1

Abb. 5.1 Lösungsblatt ausgewählte Planungsvarianten Europa

Die dritte Planungsvariante weist einen um sechs Prozent höheren „Next Day"-Lieferservice bei um einen Prozentpunkt gestiegenen Distributionskosten auf und erfüllt damit näherungsweise den strategisch formulierten Ziellieferservice. Diese Planungsvariante wurde als Optimalvariante ausgewählt, da neben den quantitativen Kriterien die qualitative Lösungsbewertung Vorteile bei der Standardisierung, der Sensitivität gegenüber Markteinflüssen und dem Risiko gegenüber Standortausfällen aufweist. Die höhere Komplexität der Optimalvariante gegenüber der Vergleichsbasis ist aufgrund der näherungsweisen Erfüllung des Ziellieferservice bei nur geringfügig höheren Distributionskosten in Kauf genommen worden.

Die in Abb. 5.2 in einer Servicelandkarte dargestellte Optimalvariante enthält 32 Auslieferungslager und 36 Reparaturcenter, was einer Erhöhung der Anzahl der Auslieferungslager und einer Reduzierung der Anzahl der Reparaturcenter entspricht. Alle Reparaturcenter werden im Gegensatz zur Vergleichsbasis direkt von dem Zentrallager in Liechtenstein aus mit Ersatzteilen versorgt.

Von den zusätzlichen Auslieferungslagern sind die meisten für Russland erforderlich, da der russische Markt auch außerhalb Moskaus – dem bestehenden Lagerstandort – stark wächst. Weitere neue Standorte sind Süddeutschland, Südfrankreich und Mittelitalien. Die Aufgabe dieser Standorte ist es bestehende Knotenpunkte kapazitativ zu entlasten, den Lieferservice zu verbessern und die Redundanz des Netzwerkes in den europäischen Kernmärkten zu erhöhen. Alle anderen Standorte können bestehen bleiben und müssen nicht erweitert werden, wenn C-Artikel im bereits neu gebauten liechtensteinischen Zentrallager konsolidiert gelagert und von dort ausgeliefert werden, was aufgrund der Lieferservicesegmentierung möglich ist.

Aufgrund des nur geringen Anstiegs der Distributionskosten in der Optimalvariante ist das optimierte Distributionsnetzwerk vom Geschäftsmodell auch zukünftig finanzierbar. Dabei sind die Kosteneinsparungen in den Hilti Centern aufgrund des Wegfalls der Auslieferungsaufgabe nicht mit eingerechnet.

Eine Kostenbetrachtung unter Einbezug der Investitionskosten für die neuen Standorte führt zu keinem anderen Ergebnis, da im bestehenden Netzwerk Investitionen in ähnlicher Größenordnung getätigt werden müssten. Ein Vorteil der neuen Standorte ist die Möglichkeit der Fremdvergabe, wodurch sich Fixkosten variabilisieren und Investitionen vermeiden lassen.

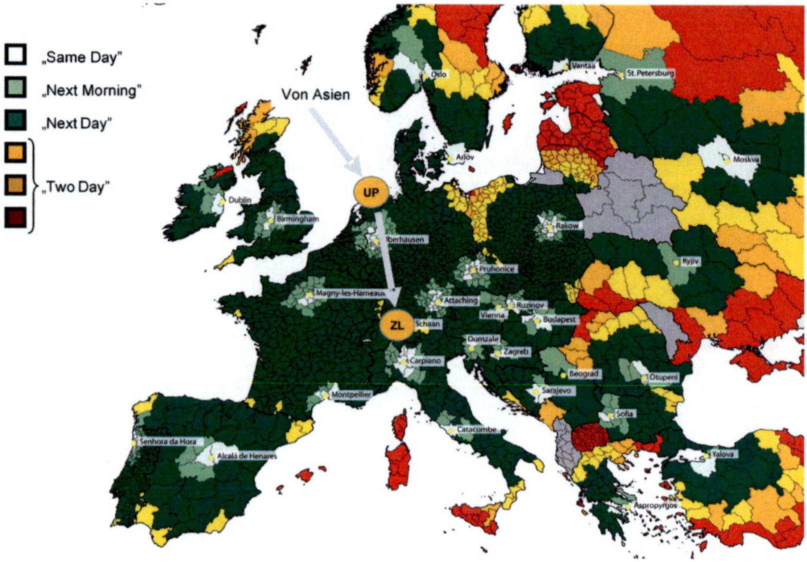

Abb. 5.2 Servicelandkarte optimiertes Distributionsnetzwerk Europa

Auch zukünftig ist ein einzelnes Zentrallager für Europa ausreichend, wobei der Anteil der Direktbelieferungen der Auslieferungslager mit und ohne Umschlagpunkt von derzeit ca. 50% auf etwa 70% steigen wird. Der bestehende Umschlagpunkt in Liechtenstein sollte deshalb nach Hamburg in Hafennähe verlagert werden.

Für die Optimalvariante ist die grenzüberschreitende Kundenbelieferung eine notwendige Bedingung für die Standorte in Deutschland, Finnland, Frankreich, Großbritannien, Österreich, Polen und Schweden, damit der Ziellieferservice erreicht werden kann. Die Redundanz gegenüber Standortausfällen ist nur erzielbar wenn prinzipiell alle Auslieferungslager steuerlich dazu befähigt werden, Kundenbelieferungen durchführen zu können.

Die Verlagerung der Beschaffungsquellen in Niedriglohnländer erhöht neben den Transportkosten die Bestände in den Auslieferungslagern und im Zentrallager in Liechtenstein aufgrund der längeren Wiederbeschaffungszeiten, was bei der Berechnung der statischen Kapazität der Knotenpunkte und der totalen Distributionskosten berücksichtigt worden ist.

Eine weitere Erkenntnis, die aus der in dieser Arbeit vorgestellten holistischen Distributionsplanungsmethode gewonnen werden konnte, ist die Tatsache, dass alle Artikel mit einer Wertdichte im einstelligen Bereich aufgrund der Erhöhung der Distributionskosten in der Vorholung interkontinental beschafft werden müssen, da eine transkontinentale Beschaffung unter einer „Total-Cost-of-Ownership"-Betrachtung teurer wäre.

Im optimierten Distributionsnetzwerk werden aufgrund der höheren Standortanzahl Transportkosten in Lagerhaltungs- und Kapitalkosten transformiert, wobei die Transportkosten nach wie vor die dominierende Kostenart bleiben. Aufgrund der veränderten Kostenstruktur skaliert das Netzwerk besser mit steigendem Durchsatz: Die Transportkosten steigen näherungsweise linear mit einer Erhöhung des Transportbedarfs, wohingegen die Lagerhaltungs- und Kapitalkosten näherungsweise mit der Quadratwurzel ansteigen. Dadurch reagiert das Netzwerk insgesamt weniger sensitiv auf mögliche zukünftige Steigerungen der Transporttarife.

Für die großen Auslieferungslager wurden Backup-Szenarien durchgespielt. Für einen begrenzten Zeitraum von ca. einem Monat kann der Ausfall eines Standorts weitgehend kompensiert werden, jedoch sind die operativen Aufwende sehr hoch, da Nachtschichten und Expresssendungen in der Feinverteilung und z. T. auch in der Vorholung notwendig werden. Das Backup-Szenario wird jedoch nur sinnvoll, wenn Kunden- und Hilti Center Bestellungen in einem zentralen Auftragspool eingehen und nach einem definierten Regelwerk an die Auslieferungslager verteilt werden. Der Ausfall des Liechtensteiner Zentrallagers kann nur über eine vorübergehende Steigerung des Anteils der Direktbelieferungen von den Beschaffungsquellen an die Auslieferungslager teilweise kompensiert werden.

Neben dem segmentierten Distributionsnetzwerk für die Ersatzteilversorgung der Reparaturcenter und die C-Artikelbelieferung der Auslieferungslager sollten alle Produkte mit einer Wertdichte im dreistelligen Bereich und einem niedrigen Umschlag zentral in Liechtenstein gelagert werden, um die Lieferbereitschaft zu erhöhen und die Warenverfügbarkeit bei sinkenden Kapitalkosten zu reduzieren. Da es sich bei diesen Artikeln um Investitionsgüter handelt, reicht ein niedrigerer Lieferservice aus, der im Bedarfsfall mit Express- oder Kurierdienstleistungen erhöht werden kann.

Eine generelle Segmentierung des Distributionsnetzwerkes von den Lieferanten bis zu den Kunden ist für das Geschäft mit Langgut anzustreben, da es für diese Produkte mit Längen zwischen zwei und sechs Metern keine Synergien bei der Lagerhaltung oder dem Transport gibt. Das kritische Volumen für diese Segmentierung wird jedoch erst nach dem Ende der strategischen Planungsperiode erreicht.

5.4.2 Nordamerika

Analog Europa ist das bestehende Distributionsnetzwerk in Nordamerika nicht in der Lage den Ziellieferservice zu erfüllen ohne auf Expresssendungen und die Auslieferung aus Hilti Centern zurückzugreifen.

Aufgrund der Tatsache, dass das bestehende Distributionsnetzwerk in Nordamerika den Ziellieferservice nicht erfüllt, sind weitere Varianten analysiert worden, von denen die folgenden exemplarisch beschrieben werden (siehe Abb. 5.3):

- „Next Day"-Lieferservice des bestehenden Distributionsnetzwerks zu minimalen Kosten,
- „Next Day"-Ziellieferservice.

Die Untersuchung der Auswirkung grenzüberschreitender Kundenbelieferungen war im Gegensatz zu Europa nicht erforderlich, da bereits in der Vergangenheit keine Limitationen für grenzüberschreitende Belieferungen zwischen den USA und Kanada bestanden haben.

Der „Next Day"-Lieferservice des bestehenden Netzwerkes könnte zu insgesamt vier Prozent niedrigeren Distributionskosten erbracht werden, wenn die Anzahl und Lage der bestehenden Auslieferungslager aufgehoben würde. Die Einsparung resultiert dabei zum größten Teil aus reduzierten Transportkosten für Luft- und Expresssendungen. Diese Planungsvariante wird analog Europa dazu benutzt, die Mehrkosten für den Ziellieferservice zu quantifizieren.

Der Ziellieferservice wird von der zweiten Planungsvariante annähernd erfüllt, in dem der „Next Day"-Lieferservice gegenüber der Vergleichsbasis um fünf Prozent, bei einem Anstieg der Distributionskosten von zwei Prozent, steigt. Von besonderem Interesse für den Nordamerikanischen Markt ist bei dieser Planungsvariante der Anstieg des „Same Day“-Lieferservice, da dies einen Wettbewerbsvorteil in den Ballungsgebieten darstellt.

Alle Ergebnisse Ende der Planungsperiode	Bestehendes Netzwerk ohne grenzüberschr. Kundenbel.	Bestehendes Netzwerk mit grenzüberschr. Kundenbel.	Bestehender Lieferservice „Next Day“ zu min. Kosten	Ziellieferservice „Next Day“ zu min. Kosten
Lieferservice nach Servicepaketen (relativ zur Vergleichsbasis)				
„Same Day“	Vergleichsbasis	nicht betrachtet	+4%	+29%
„Next Morning“	Vergleichsbasis	nicht betrachtet	+14%	+5%
„Next Day“ only	Vergleichsbasis	nicht betrachtet	-18%	-29%
„Next Day“ total	Vergleichsbasis	nicht betrachtet	0%	+5%
„Two Day“	Vergleichsbasis	nicht betrachtet	0%	-5%
Distributionskosten (relativ zur Vergleichsbasis)				
Lagerhaltungskosten	Vergleichsbasis	nicht betrachtet	0%	+11%
Transportkosten	Vergleichsbasis	nicht betrachtet	-4%	-6%
Kapitalkosten	Vergleichsbasis	nicht betrachtet	0%	+18%
Distributionskosten	Vergleichsbasis	nicht betrachtet	-4%	+2%
Ökologische Bewertung: Nicht betrachtet				
Qualitative Lösungsbewertung (relativ zur Vergleichsbasis)				
Nutzungspotential vorhandener Infrastruktur	Vergleichsbasis	nicht betrachtet	niedriger	höher
Komplexität	Vergleichsbasis	nicht betrachtet	unverändert	höher
Standardisierung	Vergleichsbasis	nicht betrachtet	höher	höher
Sensitivität gegenüber Markteinflüssen	Vergleichsbasis	nicht betrachtet	niedriger	niedriger
Risiko gegenüber Standortausfällen	Vergleichsbasis	nicht betrachtet	unverändert	niedriger
Gesamtbewertung				
Rangfolge Lösungsalternativen	3	nicht betrachtet	2	1

Abb. 5.3 Lösungsblatt ausgewählte Planungsvarianten Nordamerika

Die zweite Planungsvariante ist als Optimalvariante ausgewählt worden, da neben den quantitativen Vorteilen ein großer Teil der vorhandenen Lagerinfrastruktur (Auslieferungs- und Zentrallager) wiederverwendet werden kann und sowohl die Sensitivität gegenüber Markteinflüssen, als auch das Risiko gegenüber Standortausfällen im Vergleich zur Vergleichsbasis geringer ausfällt. Als weiterer Vorteil steigt die Standardisierung der Lagerstandorte mit den neu hinzuzufügenden Standorten. In Anbetracht der Vorteile ist die höhere Komplexität der Lösung akzeptiert worden.

Die in Abb. 5.4 in einer Servicelandkarte dargestellte Optimalvariante enthält 25 Auslieferungslager und 9 Reparaturcenter, was einer Erhöhung der Anzahl der Auslieferungslager und Reparaturcenter sowohl in den USA als auch in Kanada gegenüber der Vergleichsbasis entspricht.

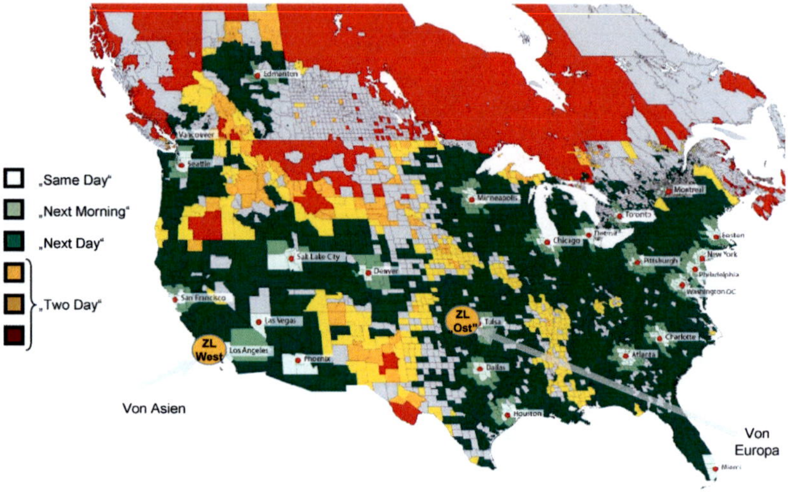

Abb. 5.4 Servicelandkarte optimiertes Distributionsnetzwerk Nordamerika

Aufgrund des nur geringen Anstiegs der Distributionskosten in der Optimalvariante ist das optimierte Distributionsnetzwerk vom Geschäftsmodell auch zukünftig finanzierbar. Dabei sind die Kosteneinsparungen in den Hilti Centern aufgrund des Wegfalls der Auslieferungsaufgabe analog Europa nicht mit eingerechnet worden.

Bis zum Ende der strategischen Planungsperiode hätte jeder der bestehenden Standorte hinsichtlich seiner statischen und dynamischen Kapazität erweitert werden müssen. Im Umsetzungsplan der Optimalvariante werden sukzessiv neue Standorte hinzugefügt, so dass die Netzwerkkapazität mit der Geschäftsentwicklung mit wächst. Investitionskosten sind nur für Standortumzüge zu berücksichtigen, da alle bestehenden und alle zukünftigen Auslieferungslager fremd vergeben sind.

Die Versorgung der Auslieferungslager in den USA und in Kanada erfolgt über zwei Zentrallager von denen eines an der West- und das andere idealerweise an der Ostküste platziert wäre. Da sich das bestehende Zentrallager in Tulsa/ Oklahoma im Eigentum der Hilti AG befindet, nimmt es die Rolle des Zentrallagers an der Ostküste ein. Die mittels Sensitivitätsanalysen ermittelten Kosteneinsparungen hätten die Umzugskosten an den optimalen Standort erst in einigen Jahrzehnten amortisiert.

Jedes der beiden Zentrallager beliefert alle Auslieferungslager in den USA und Kanada, wobei im Westen nur Produkte aus Asien und in Tulsa nur Produkte aus Europa sowie die im amerikanischen Kontinent beschafften Artikel gelagert werden. Das Zentrallager in Tulsa übernimmt zusätzlich die direkte Ersatzteilversorgung der Reparaturcenter. Diese Zweiteilung der Zentrallagerfunktion weist Kostenvorteile gegenüber zwei Zentrallagern als Vollsortimenter auf und ist operativ wesentlich einfacher zu beherrschen.

Grenzüberschreitende Belieferungen von Kunden sind aufgrund des Zeitbedarfs für die Verzollung an der US-amerkanisch/ kanadischen Grenze nach wie vor nicht sinnvoll, jedoch werden in der Optimalvariante Hilti Center grenzüberschreitend beliefert, da für diese generell der „Two Day"-Lieferservice gilt.

Die Verlagerung der Beschaffungsmärkte in Niedriglohnländer hat fast keine Auswirkung auf die Netzwerkstruktur in Nordamerika, da Direktbelieferungen der Auslieferungslager aufgrund der langen Wiederbeschaffungszeiten nur für den geringen Anteil der am amerikanischen Kontinent beschafften Waren möglich sind und die Wiederbeschaffungszeiten aus Europa und Asien in etwa gleich sind. Artikel mit einer Wertdichte im einstelligen Bereich werden wie in Europa zukünftig interkontinental beschafft.

Aufgrund der Reduzierung der Transportkosten zugunsten höherer Lagerhaltungs- und Kapitalkosten skalieren die totalen Distributionskosten entsprechend der europäischen Optimalvariante besser mit steigendem Durchsatz und reagieren weniger sensibel auf mögliche zukünftige Erhöhungen der Transporttarife.

Die höhere Standortanzahl schützt das Netzwerk der Auslieferungslager besser gegen Ausfälle einzelner Standorte, insbesondere, da in Nordamerika bereits mit einem zentralen Auftragspool und einer dynamischen Vergabe der Aufträge an die Auslieferungslager gearbeitet wird. Der Ausfall eines der beiden Zentrallager kann nur mit Luftfrachten von den Beschaffungsquellen an die Auslieferungslager temporär überbrückt werden.

Hinsichtlich der Segmentierung gelten die gleichen Aussagen wie für das europäische Netzwerk:

Neben dem segmentierten Distributionsnetzwerk für die Ersatzteilversorgung der Reparaturcenter und die C-Artikelbelieferung der Auslieferungslager sollten alle Produkte mit einer Wertdichte im dreistelligen Bereich und einem niedrigen Umschlag je nach Herkunft zentral in einem der beiden US-amerikanischen Zentrallager gelagert werden, um die Lieferbereitschaft zu erhöhen und die Warenverfügbarkeit bei sinkenden Kapitalkosten zu reduzieren. Da es sich bei diesen Artikeln um Investitionsgüter handelt, reicht ein niedrigerer Lieferservice aus, der im Bedarfsfall mit Express- oder Kurierdienstleistungen erhöht werden kann.

Eine generelle Segmentierung des Distributionsnetzwerkes von den Lieferanten bis zu den Kunden ist für das Geschäft mit Langgut anzustreben, da es für diese Produkte mit Längen zwischen zwei und sechs Metern keine Synergien bei der Lagerhaltung oder dem Transport gibt. Das kritische Volumen für diese Segmentierung wird jedoch wie in Europa erst nach dem Ende der strategischen Planungsperiode erreicht.

5.4.3 Vergleich Europa und Nordamerika

Sowohl in Europa als auch in Nordamerika ist der aus dem Geschäftsmodell abgeleitete und in der Unternehmensstrategie formulierte Ziellieferservice mit den bestehenden Distributionsnetzwerken nicht zu erreichen. Die in beiden Kontinenten zu geringe Anzahl an Auslieferungslagern ist mit höheren Transportkosten (insbesondere Expresssendungen) und der Nutzung der Hilti Center als zusätzlicher kleiner Auslieferungslager zu kompensieren versucht worden.

Das Hinzufügen von weiteren Auslieferungslagern ermöglicht es den Ziellieferservice bei nur geringfügig steigenden Distributionskosten zu erreichen und die Sensitivität der Netzwerke gegenüber Markteinflüssen (Transportkosten werden in Lagerhaltungs- und Kapitalkosten transformiert) und Standortausfällen zu reduzieren. Sowohl in Europa als auch in Nordamerika sind die höheren Distributionskosten der Optimalvarianten nach wie vor vom Geschäftsmodell der Hilti AG finanzierbar.

Die Erhöhung der Anzahl der Auslieferungslager führt zu einer höheren Komplexität der Lösung, die z. T. mit einer steigenden Standardisierung der Lagerstandorte kompensiert wird.

In beiden Kontinenten können die bestehenden Standorte das Mengengerüst am Ende der Planungsperiode nicht mehr bewältigen, weshalb die Standortkapazitäten der Zentral- und Auslieferungslager als auch der Umschlagpunkte lösungsvariantenunabhängig erweitert werden müssen. Da diese Aussage auch für die bestehenden Distributionsnetzwerke gültig ist, müssen die Investitionskosten bei der Auswahl der Planungsvarianten nicht näher berücksichtigt werden.

Da in Europa und Nordamerika annähernd das gleiche Produktportfolio angeboten wird, gelten hinsichtlich der Segmentierung und der Auswahl der Beschaffungsquellen in Abhängigkeit von der Wertdichte dieselben Aussagen.

Wesentliche Unterschiede bestehen in der Lage der Auslieferungslager: In Westeuropa liegt eine homogenere Verteilung der Bevölkerungsdichte als in Osteuropa sowie Nordamerika vor, weshalb eine relativ zur Distributionsfläche höhere Anzahl an Auslieferungslagern erforderlich ist.

Sinngemäß das Gleiche gilt für die Anzahl der Reparaturcenter, die in Westeuropa nur Aufgrund der Tatsache reduziert werden konnte, dass historisch bedingt zu viele Standorte entstanden sind.

Zusammenfassend ist die vom Autor dieser Arbeit entwickelte holistische Distributionsplanungsmethode in der Lage die Distributionsnetzwerke für Märkte mit unterschiedlichen Charakteristiken wie Westeuropa bzw. Osteuropa und Nordamerika von den weltweiten Beschaffungsmärkten bis zu den Kunden zu optimieren. Dabei kann das Produktportfolio wie im Beispiel der Hilti AG stark inhomogen sein und sich vom kleinen Ersatzteil bis zum Langgut erstrecken. Die Komplexität der Planungsaufgabe der Hilti AG lässt ohne weiteren Beweis den Schluss zu, dass die vorliegende Distributionsplanungsmethode auch auf andere Märkte (z. B. Asien) und auf andere Branchen und Produkte übertragbar sein sollte.

Die qualitative Bewertung der Planungsvarianten bietet darüber hinaus den Vorteil, dass bereits bei der Lösungsauswahl Kriterien berücksichtigt werden, welche die operative Beherrschbarkeit und die Sensitivität der Lösung gegenüber Störgrößen bewerten.

6 Zusammenfassung und Ausblick

Die in der Einleitung zu dieser Arbeit formulierten Zielsetzungen konnten erreicht werden, in dem aus einer Kombination existierender Methoden und Lösungsverfahren vom Verfasser eine Methodenkombination entwickelt worden ist, mit der globale Distributionsnetzwerke von den Beschaffungsmärkten bis zu den Kunden in den Absatzmärkten für unterschiedliche Lieferservice und unter Berücksichtigung der totalen Distributionskosten holistisch optimiert und die Qualität der gefundenen Lösungsvarianten quantitativ und qualitativ bewertet werden können.

Im Weiteren ist eine Methode zur vorgelagerten Optimierung und zur Integration des Geschäftsmodells sowie der Unternehmensstrategie in die Planungsgrundlagen der Optimierung entwickelt worden. Zur Erstellung der Planungsgrundlagen wurden darüber hinaus demographische und statistische Daten integriert und die Planungsgrundlagen auf eine einheitliche Struktur transformiert.

Das Modell beantwortet die in der Problem- und Aufgabenstellung formulierten Fragestellungen, so dass nach der abgeschlossenen Netzwerkoptimierung die physische Struktur inkl. der erforderlichen Knotenpunktkapazitäten, der erreichbare Lieferservice sowie die totalen Distributionskosten und deren Sensitivität auf Änderungen am Markt oder in der Unternehmensstrategie bekannt sind. Bei Bedarf kann darüber hinaus eine ökologische Optimierung durchgeführt werden.

Die Zweistufigkeit des Lösungsansatzes und die Effizienz der verwendeten Optimierungssoftware ermöglichen die Optimierung unterschiedlichster Lösungsvarianten mit begrenztem Aufwand, so dass die Wirkzusammenhänge in globalen Distributionsnetzwerken transparent geworden sind.

Besonderes Augenmerk ist auf die Qualität der Planungs- und der aufgabenspezifischen Daten zu legen, da sich Fehler multiplizieren, wobei eine heterogene IT-Struktur die Komplexität der Datenerfassung und den Aufwand für die Normalisierung stark erhöht.

Das Lösungsverfahren weist Limitationen auf, die sich in der Genauigkeit und der erzielbaren Auflösung der Ergebnisse widerspiegeln. Die Abweichungen werden insbesondere im Vergleich mit der Ist-Situation offensichtlich, jedoch bewegt sich der Fehler in einer Größenordnung, die in den meisten Anwendungsbereichen deutlich kleiner als die Ungewissheit bei der Abschätzung der Entwicklung der Zukunft sein dürfte.

Das zitierte Praxisbeispiel bei der Hilti AG bestätigt diese Einschätzung: Der wesentliche Vorteil der in dieser Arbeit vorgestellten holistischen Distributionsplanungsmethode ist die Möglichkeit quantitative Zusammenhänge zwischen dem Lieferservice und den Distributionskosten sowie dem Geschäftsmodell und der Unternehmensstrategie herzustellen. Erst dadurch sind der Paradigmenwechsel bei der Hilti AG von der ursprünglich angestrebten Standortzentralisierung zu einer Dezentralisierung und die Rückverlagerung von Produkten mit niedrigen Wertdichten in die Absatzmärkte möglich geworden.

Das vorgestellte Distributionsplanungsverfahren funktioniert nicht auf Knopfdruck, sondern erfordert einen qualifizierten Anwenderinput sowie die fundierte Kenntnis der innerbetrieblichen Abläufe. Darüber hinaus sind eine intensive Beschäftigung mit und z. T. die Unterstützung bei der Erarbeitung der Unternehmensstrategie unerlässlich.

Im Vordergrund darf nicht nur die technische Optimierung stehen, da für eine erfolgreiche spätere Umsetzung die Einbindung der Unternehmensleitung und der Landesorganisationen unerlässlich ist. Dem Projektmanagement kommt darüber hinaus die Aufgabe zu eine klare Kommunikationsstrategie zu entwickeln, damit die Ergebnisse und deren Folgen, wie z. B. Standortschließungen, von der gesamten Organisation getragen werden.

Mögliche Weiterentwicklungen des Modells bestehen in einer verbesserten Berechnung der Bestände in den Netzwerkknoten, da die vorgestellten Lösungsverfahren auf sehr einfachen Modellen und in der Praxis nicht immer haltbaren Nebenbedingungen beruhen. Außerdem sollte die Kapazitätsbetrachtung für die Standorte und evtl. auch für die Netzwerkkanten Bestandteil des Optimierungsmoduls werden, wodurch sich die Effizienz des Planungsverfahrens weiter verbessern ließe.

Das Visualisierungsmodul könnte generischer entwickelt werden, da in der praktischen Anwendung derzeit viele Ergebnisse über Schnittstellen als Rohdaten ausgegeben werden und in Office-Programmen weiterverarbeitet werden müssen.

Die holistische Herangehensweise der vorgestellten Distributionsplanungsmethode wird in der betrieblichen Praxis weite Verbreitung finden, da sie die Logistik als Erfolgsfaktor und damit Werttreiber in das Geschäftsmodell eines Produktions- bzw. Handelsunternehmens integriert und nicht als gesonderten Bereich betrachtet, indem lediglich die Kosten zu minimieren sind.

Literaturverzeichnis

AHRENS 1974	Ahrens, J. H.; Ulrich, D.: Computer Methods for Sampling from Gamma, Beta, Poisson and Binomial Distributions. In: Computing, Heft 12, Jahrgang 1974, S. 223-246
AKINC 1977	Akinc, U.; KHUMAWALA, B. M.: An efficient Branch & Bound Algorithm for the capacitated Warehouse Location Problem. In: Management Science, Heft 23, Jahrgang 1977, S. 585-594
ATKEARNEY 2005	Horvath, S.: Beschaffungsmanagement wird vom Kostensenker zum Werttreiber. In: A. T. Kearney-Studie, A. T. Kearney Österreich, Wien 2005, S. 3-4
BACH 1978	Bach, L.: Methoden zur Bestimmung von Standorten und Einzugsbereichen zentraler Einrichtungen. Birkhäuser Verlag, Basel 1978
BECKER 1993	Becker, J.; Rosemann, M.: Design for Logistics – Ein Beispiel für die logistikgerechte Gestaltung des Computer Integrated Manufacturing. In: Becker, J.; Grob, H.-L.; Kurbel, K.; Müller-Funk, U.; Unland, R. (Hrsg.): Arbeitsberichte des Instituts für Wirtschaftsinformatik. Institut für Wirtschaftsinformatik der Westfälischen Wilhelms-Universität Münster, Arbeitsbericht Nr. 18, Münster 1993, S. 1-26
BEHRENS 1961	Behrens, K. Ch.: Allgemeine Standortbestimmungslehre. Westdeutscher Verlag, Köln-Opladen 1971
BERENS 2002	Berens, W.; Körling, F.-J.: Das Schätzen von realen Entfernungen bei der Warenverteilungsplanung mit gebietspaarspezifischen Umwegfaktoren. In: Operations Research Spektrum, Heft 5, Jahrgang 2002, S. 67-75

BLOECH 1970 — Bloech, J.: Optimale Industriestandorte. Physica Verlag, Würzburg 1970

BÖKEMANN 1982 — Bökemann, D.: Theorie der Raumplanung. Oldenbourg Verlag, München 1982

BROCKHAUS 2001 — Brockhaus, F. A., GmbH (Hrsg.): Die Enzyklopädie in 24 Bänden, Studienausgabe, Band 14. Brockhaus Verlag, Leipzig u. a. 2001

CLAUSEN 2005 — Clausen, U.; Heimann, B.; Goerke, M.: Planung logistischer Knoten. In: Distribution, Heft 3, Jahrgang 2005, S. 8

COOPER 1972 — Cooper, L.: The Transportation - Location Problem. In: Operations Research, Heft 20, Jahrgang 1972, S. 94-108

DANDL 1984 — Dandl, E.: Die Modellierung verkehrsbetrieblicher Transporte in computergestützten Distributionsplanungssystemen. Ladewig Verlag, Birkach 1984

DELFMANN 2006 — Delfmann, W.: Übung zur Vorlesung „Unternehmensführung und Logistik II" – Standortplanung. Department of Business Policy and Logistics der University of Cologne, Köln 2006

DIN 1989 — Deutsches Institut für Normung e. V. (Hrsg.): Normblatt DIN 30781, Blatt 1: Transportkette, Grundbegriffe. Beuth Verlag GmbH, Berlin 1989

DIN 1997 — Deutsches Institut für Normung e. V. (Hrsg.): Normblatt DIN EN 12777: Logistik – Struktur und Grundbegriffe der Logistik. Beuth Verlag GmbH, Berlin 1997

DINKELBACH 1982 — Dinkelbach, W.: Entscheidungsmodelle. De Gruyter Verlag, Berlin 1982

DOMSCHKE 1996 — Domschke, W.; Drexl, A.: Logistik: Standorte. Oldenbourg Verlag, 4. Auflage, München 1996

DUDEN 2007 Duden - Deutsches Universalwörterbuch. Dudenverlag, 6. überarbeitete Auflage, Mannheim u. a. 2007

ELLRAM 1994 Ellram, L. M.: A Taxonomy of Total-Cost-of-Ownership Models. In: Journal of Business Logistics, Heft 15, Jahrgang 1994, S. 171-191

ERLENKOTTER 1978 Erlenkotter, D.: A dual-based Procedure for uncapacitated Facility Location. In: Operations Research, Heft 26, Jahrgang 1978, S. 992-1009

EZRA 1994 Ezra, N.; Handler, G. J.; Chen, R.: Solving infinite p-Center Problems in euclidean Space using an interactive graphical Method. In: Location Science, Heft 2, Jahrgang 1994, S. 101-109

FILZ 1989 Filz, B.; Fuhrmann, R.; Giehl, M.; Hoya, U.; Vastag, A.: Kennzahlensystem für die Distribution. TÜV Rheinland, Köln 1989

GARTNER 2003 Gartner Inc.: Management Update. Total Cost of Ownership Analysis provides many Benefits. Gartner Inc., Stamford 2003

GROSSESCHALLAU 1985 Großeschallau, W.; Hoya, U.: Permanente Planung und Kontrolle der Vertriebslogistikkosten mit Datenverarbeitung. In: VDI-Z, Band 127, Heft 6, Jahrgang 1985, S. 293-300

GUDEHUS 2000 Gudehus, T.: Logistik II, Netzwerke, Systeme und Lieferketten. Springer Verlag, Berlin 2000

HAMACHER 1994 Hamacher, H. W.; Nickel, S.: Combinatorial Algorithms for some 1-facility median Problems in the Plane. In: European Journal of Operations Research, Heft 79, Jahrgang 1994, S. 340-351

HANSMANN 1974 Hansmann, K.-W.: Entscheidungsmodelle zur Standortplanung der Industrieunternehmen. Gabler Verlag, Wiesbaden 1974

HARMON 1989 Harmon, P; King, D.: Expertensysteme in der Praxis: Perspektiven, Werkzeuge, Erfahrungen. Oldenbourg Verlag, 3. Auflage, München 1989

HARRIS 1913 Harris, F. W.: How Many Parts to Make at Once in a Factory. In: The Magazine of Management, Heft 10, Jahrgang 1913, S. 135-136, S. 152

HEITZ 2006 Heitz, C.; Van Bonn, B.; Berning, M.: Logistic fingerprinting of products and product portfolios by logistic characteristic functions. Bislang unveröffentlicht, Winterthur 2006, S. 1-28

HOPPE 2002 Hoppe, N.; Conzen, F.: Europäische Distributionsnetzwerke. Gabler Verlag, 1. Auflage, Wiesbaden 2002

HUNDHAUSEN 1926 Hundhausen, C.: Innerbetriebliche Standortfragen (Dissertation). In: Zeitschrift für Handelswissenschaftliche Forschung, Heft 20, Jahrgang 1926, S. 1-52

JÜNEMANN 1989 Jünemann, R.: Materialfluss und Logistik – Systemtechnische Grundlagen mit Praxisbeispielen. Springer Verlag, Berlin 1989

KAMITZ 1980 Kamitz, R.: Methode/ Methodologie. In: Speck, J. (Hrsg.): Handbuch wissenschaftstheoretischer Begriffe, Band 2. Vandenhoeck & Ruprecht Verlag, Göttingen 1980, S. 429-433

KRAMPE 1993 Krampe, H.: Die Gestaltung von Distributionssystemen im Handel. In: Krampe (Hrsg.): Grundlagen der Logistik. Huss Verlag, München 1993, S. 270

KUHN 1973 Kuhn, H. W.: A Note on Fermats Problem. In: Mathematical Programming, Heft 4, Jahrgang 1973, S. 98-107

LAPIERRE 2004 Lapierre, S. D.; Ruiz, A. B.; Sorioano, P.: Designing Distribution Networks: Formulations and Solution Heuristics. In: Journal of Transportation Science, Heft 38, Jahrgang 2004, S. 174-187

LAUNHARDT 1882 Launhardt, W.: Der zweckmäßigste Standort einer gewerblichen Anlage. In: Zeitschrift des Vereins Deutscher Ingenieure, Heft 26, Jahrgang 1882, S. 105-116

LITTLE 1961 Little, J. D. C.: A Proof of the Queueing Formula L = λ W. In: Operations Research, Heft 9, Jahrgang 1961, S. 383-387

LIU 1994 Liu, C. M.; Kao, R. L., Wang, A. H.: Solving Location-Allocation Problems with rectilinear Distance by Simulated Annealing. In: Journal of the Operational Research Society, Heft 45, Jahrgang 1994, S. 1304-1315

LOVE 1975 Love, R. F., Morris, J. G.: A computation Procedure for the exact Solution of Location-Allocation Problems with rectangular Distances. In: Naval Research Logistics Quarterly, Heft 22, Jahrgang 1975, S. 441-453

LÜDER 1983 Lüder, K.; Küpper, W.: Unternehmerische Standortentscheidung und regionale Wirtschaftsförderung. Vandenhoeck & Ruprecht Verlag, Göttingen 1983

LÜDER 1990 Lüder, K.: Standortwahl – Verfahren zur Planung betrieblicher und innerbetrieblicher Standorte. In: Jacob, H. (Hrsg.): Industriebetriebslehre – Handbuch für Studium und Praxis. Gabler Verlag, 4. Auflage, Wiesbaden 1990, S. 34

MAHADEV 1998 Mahadev, N. V. R.; Pekec, A.; Roberts, F. S.; Song, J.-S.: On the Order Fill Rate in a Multi-item, Base-Stock Inventory System. In: Operations Research, Heft 46, Jahrgang 1998, S. 831-845

MEUSEL 1994 Meusel, W.; Niemann, H.; Brucker, A.; Borkowski, V.; Mertens, P.; Städtler-Schumann, M.: optiTREX – Frachtkosten-Analyse mit wissensbasierten Elementen. In: Wirtschaftsinformatik, Heft 36, Jahrgang 1994, S. 155-165

MÜLLER 1987 Müller, D.: Distributionssysteme erfolgsorientiert reorganisieren. In: Distribution, Heft 10, Jahrgang 1987, S. 8-12

NAMBIAR 1981 Nambiar, J. M.; Gelders, L. F.; Van Wassenhove, L. N.: Plant Location and Vehicle Routing in the Malaysian Rubber Smallholder Sector: A Case Study. In: European Journal of Operations Research, Heft 38, Jahrgang 1981, S. 14-26

NEUMANN 2004 Neumann, K.; Ohse, D.: Operations Research, Optimierung in Graphen. In: Grundlagen der Graphentheorie, Kurseinheit 1, FernUniversität in Hagen, Hagen 2004, S. 94-114

O. V. 1994 O. V. 1994: Expertensystem analysiert Frachtkosten. In: Frachtmanagement, Heft 4, Jahrgang 1994, S. 93-94

PELLIZARI 1991 Pellizari, M.; Strasser, J.: Distribution als kritischer Wettbewerbsfaktor. In: Rupper, P. (Hrsg.): Unternehmenslogistik. Verlag Industrielle Organisation, Zürich u. a. 1991, S. 139

PESCH 1994 Pesch, E.: Learning in automated Manufacturing – A local Search Approach. Physica Verlag, Heidelberg 1994

PFOHL 1996 Pfohl, H.-Ch.: Logistiksysteme – Betriebswirtschaftliche Grundlagen. Springer Verlag, 5. Auflage, Berlin u. a. 1996

PFOHL 2004 Pfohl, H.-Ch.: Logistiksysteme – Betriebswirtschaftliche Grundlagen. Springer Verlag, 7. Auflage, Berlin u. a. 2004

PUPPE 1988 Puppe, F.: Expertensysteme. In: Informatik-Spektrum, Heft 9, Jahrgang 1986, S. 2

REEVES 1993 Reeves, C. R. (Hrsg.): Modern heuristic Techniques for combinatorial Problems. Blackwell Verlag, Oxford 1993

REIHLEN 1997 Reihlen, M.: Distributionskosten. In: Bloech, J.; Ihde G. B. (Hrsg.): Vahlens Großes Logistiklexikon, Verlag Franz Vahlen, München 1997, S. 175-176

RENTMEISTER 2003 Rentmeister, J.; Klein, S.: Geschäftsmodelle – ein Modebegriff auf der Waagschale. In: ZfB-Ergänzungsheft, Heft 1, Jahrgang 2003, S. 17-30

RÖDDER 1999 Rödder, W.; Xu, L.; Zörnig, P.: Operations Research, Lineare Optimierung, Kurseinheit 1: Simplexalgorithmus. Fachbereich Wirtschaftswissenschaft, FernUniversität in Hagen, Hagen 1999

RÜSCHENPÖHLER 1958 Rüschenpöhler, H.: Der Standort industrieller Unternehmungen als betriebswirtschaftliches Problem. Duncker & Humblot Verlag, Berlin 1958

SCHNUPP 1988 Schnupp, P.; Leibrandt, U.: Expertensysteme. Nicht nur für Informatiker. Springer Verlag, Berlin u. a. 1988

SCHULTE 1995 Schulte, C.: Distributionslogistik. In: Bloech, J.; Ihde G. B. (Hrsg.): Vahlens Großes Logistiklexikon, Verlag Franz Vahlen, München 1997, S. 176-178

SHERALI 1977 Sherali, H. D.; Shetty, C. M.: The rectilinear Distance Location-Allocation Problem. In: AIIE Transactions, Heft 9, Jahrgang 1977, S. 136-143

SILLER 2007 Siller, U.: Distributionslogistik – Optimierung des Netzwerkes von der Beschaffung bis zum Kunden. In: Dortmunder Gespräche, Dortmund 2007, S. 5

SPECHT 1992 Specht, G.: Distributionsmanagement. Kohlhammer Verlag, 2. Auflage, Stuttgart u. a. 1992

STEWART 1981 Stewart, T. J.: A descriptive Approach to multiple-criteria Decision Making. In: Journal of the Operational Research Society, Heft 32, Jahrgang 1981, S. 45-53

THÜNEN 1826 Thünen, J. V. v.: Der isolierte Staat in Beziehung auf Landwirtschaft und Nationalökonomie. Perthes Verlag, Neuauflage 1963, Hamburg 1826

TOMCZAK 2002 Tomczak, T.; Sausen, K.: Drei Bausteine für ein erfolgreiches Geschäftsmodell. In: Persönlich, Heft 6, Jahrgang 2002, S. 62-64

UPHOFF 1978 Uphoff, H.: Die Bestimmung des optimalen Standortes mit Hilfe der Profilmethode. Wissenschaftsverlag, Berlin 1978

VAHRENKAMP 2007 Vahrenkamp, R.; Mattfeld, D. C.: Logistiknetzwerke – Modelle für Standortwahl und Tourenplanung. Gabler Verlag, 1. Auflage, Wiesbaden 2007

VAN BONN 2001a Van Bonn, B. v.: Konzeption einer erweiterten Distributionsplanungsmethodik mittels standardisierter Geographiedatenmodelle. In: Jünemann, R. (Hrsg.): Logistik für die Praxis. Verlag Praxiswissen, Dortmund 2001, S. 9-10

VAN BONN 2001b — Van Bonn, B. v.: Konzeption einer erweiterten Distributionsplanungsmethodik mittels standardisierter Geographiedatenmodelle. In: Jünemann, R. (Hrsg.): Logistik für die Praxis. Verlag Praxiswissen, Dortmund 2001, S. 31-34

VAN BONN 2007 — Van Bonn, B. v.; Berning, M.; Vastag, A.: Robuste Distributionsstrukturen für die Zukunftssicherheit. In: Wolf-Kulthausen, H. (Hrsg.): Jahrbuch der Logistik. Verlag free beratung Gesellschaft für Kommunikation im Marketing mbH, Korschenbroich 2007, S. 54-57

VASTAG 1998a — Vastag, A.: Konzeption und Einsatz eines Verfahrens zur Distributionsstrukturplanung bei intermodalen Transporten. In: Jünemann, R. (Hrsg.): Logistik für die Praxis. Verlag Praxiswissen, Dortmund 1998, S. 33

VASTAG 1998b — Vastag, A.: Konzeption und Einsatz eines Verfahrens zur Distributionsstrukturplanung bei intermodalen Transporten. In: Jünemann, R. (Hrsg.): Logistik für die Praxis. Verlag Praxiswissen, Dortmund 1998, S. 74-75

VASTAG 1998c — Vastag, A.: Konzeption und Einsatz eines Verfahrens zur Distributionsstrukturplanung bei intermodalen Transporten. In: Jünemann, R. (Hrsg.): Logistik für die Praxis. Verlag Praxiswissen, Dortmund 1998, S. 66-67

VASTAG 1998d — Vastag, A.: Konzeption und Einsatz eines Verfahrens zur Distributionsstrukturplanung bei intermodalen Transporten. In: Jünemann, R. (Hrsg.): Logistik für die Praxis. Verlag Praxiswissen, Dortmund 1998, S. 140-141

VDI 1996 Verein Deutscher Ingenieure (Hrsg.): Richtlinie VDI 3633: Simulation von Logistik-, Materialfluss- und Produktionssystemen – Begriffsdefinitionen. In: VDI-Gesellschaft Fördertechnik Materialfluss Logistik. Beuth Verlag GmbH, Berlin 1996

VOSS 1994 Voß, S.: Intelligent Search. Habilitationsschrift, Technische Hochschule Darmstadt. Springer Verlag, Berlin u. a. 1994

WEBER 1998 Weber, A.: Über den Standort der Industrien. Erster Teil: Reine Theorie des Standorts. In: Nutzinger, H. G. (Hrsg): Schriften zur industriellen Standortlehre, Alfred Weber Gesamtausgabe, Band 6. Metropolis-Verlag, Marburg 1998, S. 16

WEBER 2003 Weber, J.: Erfolg durch Logistik – Erkenntnisse aktueller Forschung. In: Deepen, J. (Hrsg.): Schriftenreihe Logistik der Kühne-Stiftung, Band 5. Haupt Verlag, Bern 2003, S. V